호기심으로 질문하고 재미있게 답한 수학 이야기

저자 : 정의채

도서출판 솔언덕

책을 펴내며

한 학생이 수업이 끝나고 선생님에게 찾아가 질문한다.

  학생 : 선생님! 오늘 결합법칙 배웠잖아요.
 선생님 : 그래
  학생 : 그거 왜 배워요?
 선생님 : 그런 거 따지지 말고 문제나 잘 풀어.

선분의 넓이가 0이라면서요? 그런데 선분이 움직이면 왜 넓이가 생기죠? 왜 0으로 나눗셈을 못 해요? 왜 함수여야 해요? 학생의 호기심은 끝이 없다. 모두가 신경 쓰는 성적보다 호기심이 우선이다. 시험 준비보다 궁금증 해소에 매달린다. 똑똑한 듯한데 시험성적이 별로다. 시험공부보다 자신의 호기심에 대한 답을 탐구하는 이 어린 학생은 바보 취급을 받는다.

많은 학생이 수학을 배우며 궁금증이 생겨도 알아보려 하지 않고 포기한다. 질문에 답해주는 선생님을 찾을 수 없다. 학교에서 배울 때 생기는 호기심에 답한 책은 어디에도 찾을 수 없다. 인터넷을 뒤져 보아도 시원한 답이 없다. 수학이 사고력과 창의성을 발달시키는 것이 아니라 포기에 익숙하게 만드는 게 현실이다.

이 책에는 위에 언급된 내용을 포함한 학생들의 다양한 궁금증에 대한 답을 담았다. 학교에서 배운 수학이 오늘날 문명 탄생에 어떻게 연결되는지 알아보았다. 또 고등학교에서 배운 수학 원리가 계산기 탄생, 컴퓨터 프로그램, 아날로그, 디지털 등에 어떻게 활용되는지 알아보았다.

한발 더 나아가 고등학교 수학에 이어지는 수학에 대해 영역별로 간략하게 요약하여 소개하였다. 추상 수학이 현실로부터 어떻게 탄생하는지 고등학생도 이해할 수 있을 만큼 쉽고 구체적인 예를 들어 설명하였다.

어릴 때 바보 취급받던 어린이는 자신의 호기심에 대한 답을 찾는 항해를 시작한다. 세계적인 수학자와의 만남에서도 만족할 답을 찾지 못한다. 호기심에 대한 답을 하나씩 스스로 완성한다. 이제 자신을 바보 취급하던 사람들이 천재라고 부른다.

인간은 새로운 지식을 이해하며 얻을 때 행복을 느낀다고 한다. 시험에 억눌린 수학이 아니라 재미있게 알아가는 수학이 되길 바란다.

목차

책을 펴내며 —————————————————————— 4

1장 혼자서 알아내면 천재 ————————————————— 9

1. 수가 쉽다고 누가 그래? ——————————————— 10
   1.1 한 개일까 두 개일까? ————————————————— 10
   1.2 0이 아니라고? ———————————————————— 11
   1.3 칠전팔기가 어때서? —————————————————— 15
   1.4 엉터리 같은 무한대 —————————————————— 20

2. 아라비아 숫자가 숫자의 제왕이 된 까닭은? ——————— 29
   2.1 쉽지 않았던 숫자의 탄생 ———————————————— 29
   2.2 고대에는 어떤 숫자가 있었나? —————————————— 32
   2.3 아라비아 숫자가 숫자의 제왕이 된 까닭은? ———————— 34
   2.4 나폴레옹의 등장과 진법의 운명 —————————————— 37

2장 왜 배울까? ————————————————————— 43

1. 왜 배우는 걸까? —————————————————— 44
   1.1 역수의 방정식에서의 역할 ———————————————— 44

   1.2 역함수가 말해주는 방정식의 해 — 48
   1.3 결합법칙이면 OK — 51
   1.4 두 개의 연산이 만드는 분배법칙 — 52
   1.5 역원, 결합법칙, 분배법칙으로 만들어지는 인공지능 로봇 — 53

2. 나도 알 수 있다고? — 55
   2.1 선분의 넓이가 0인 이유 — 55
   2.2 0으로 나눗셈을 할 수 없는 이유가 뭘까? — 58
   2.3 최솟값이 존재하지 않는 이유 — 61
   2.4 지수 함수의 밑수가 음수면 무슨 일이 생길까? — 65
   2.5 왜 공집합이 모든 집합의 부분집합일까? — 67

3장 그런 거였어? — 71

1. 누가 만들었을까? — 72
   1.1 함수는 왜 배울까? — 72
   1.2 함수의 그래프가 주는 정보 — 79
   1.3 내적과 디지털 — 81
   1.4 표준편차는 왜 복잡하게 정의할까? — 90
   1.5 수학에서의 공간과 생활 속 공간 — 94

목차

2. 수학 탄생의 원리 — 96
- 2.1 자연에서의 대칭과 수학에서의 대칭 — 96
- 2.2 원주율을 구하는 방법 — 100
- 2.3 π가 어떻게 180°가 되었을까? — 105
- 2.4 자연 상수 e 넌 뭐니? — 107
- 2.5 눈으로 보는 미분과 적분 — 116
- 2.6 적분으로 구하는 구의 부피와 표면적 식 — 117

4장 논리가 없다면 문명도 사라진다. — 121

1. 말장난이 컴퓨터가 되기까지 — 122
- 1.1 모순과 역설 — 123
- 1.2 생활 속 논리 — 126
- 1.3 귀류법이 해결해준 증명들 — 129
- 1.4 수학에 스위치를 단 영국 수학자 조지 불 — 132

2. 컴퓨터 프로그램과 수학적 귀납법 — 134
- 2.1 수학적 귀납법의 뜻 — 135
- 2.2 복잡한 식 속에 숨은 쉬운 원리! 수학적 귀납법 — 140
- 2.3 틀린 곳 찾기 — 142

3. 내가 대진표를 짜야 한다면 — 146
  3.1 토너먼트(맞붙기) — 146
  3.2 리그(돌려 붙기) — 155
  3.3 리그와 토너먼트의 혼합형 — 157
  3.4 흥미를 일으키는 월드컵 대진 방식 — 158
  3.5 다양한 대진 방식 — 166

5장 수학의 세계 여행 — 171

1. 수학 영역의 의미 — 172
  1.1 수열과 해석학 — 174
  1.2 근의 공식과 대수학 — 178
  1.3 집짓기는 유클리드 기하학이고
      비행기 여행은 비유클리드 기하학이다 — 183

2. 추상 수학과 실용 수학 — 192
  2.1 수학과 물리학의 공통점과 차이점 — 192
  2.2 추상 수학도 현실에서 탄생한다 — 195
  2.3 로또 명당과 돈이 되는 정규분포 — 201

추천의 글 — 230

1장

혼자서 알아내면 천재

1. 수가 쉽다고 누가 그래?

1.1 한 개일까 두 개일까?

어린이의 질문 : 빵 한 개를 반으로 자르고 양손에 한 조각씩 들더니 "빵이 두 개죠?"라고 한다.

한 어린이가 빵 한 개를 반으로 자르고 양손에 한 조각씩 들더니 빵이 두 개라고 한다. 순간 혼란스럽다. 한 개를 나누었으니 한 개가 맞는데 양손에 한 조각씩 두 조각을 들고 있으니 두 개라고 해도 틀린 말이 아닌 것도 같다. 이 상황에서 어린이에게 무엇을 어떻게 설명해야 할까? 우리는 수가 의미하는 개념을 한 번이라도 진지하게 생각해보았나?

먼저 빵을 반으로 잘랐다는 이야기는 처음 빵 한 개를 기준으로 한 것이고, 빵 두 조각을 들고 두 개라고 말한 어린이는 처음에 들고 있던 빵의 크기는 생각하지 않고 두 개라고 한 것이다. 여기서 한 개나 두 개라고 말한 수의 의미가 무엇인지 알아보자. 빵 한 개를 반으로 잘라 두 조각을 만들 때의 반은 처음 한 개의 반이다. 두 손에 든 두 조각은 양의 개념은 생각하지 않고 오로지 개수만 의미한 것이다.

상황을 그대로 묘사하면 반 개가 두 개 있다고 말하여야 한다. 위와 같은 혼동을 피하려면 분수의 개념을 정확하게 되짚어 볼 필요가 있다. $\frac{1}{2}$, $\frac{3}{7}$ 등 분수를 이야기할 때는 기준이 1이다. 분수 $\frac{1}{2}$을 정확하게 이야기하면 1의 $\frac{1}{2}$이라고 해야 한다. 따라서 빵의 개수 표현은 "$\frac{1}{2}$개가 2개다."라고 표현해야 정확하다.

수가 나타내는 의미는 개수와 양 그리고 길이, 넓이, 거리, 질량, 순서 등이 있다. 이 어린이의 표현은 수의 개념 중 양을 무시한 개수의 표현이다.

1.2 0이 아니라고?

어린이의 질문 : 한 어린이가 건물로 들어서서 안내하는 분에게 "여기 0층이죠?"라고 묻는다. 안내하는 분이 여기는 1층이라고 한다.

아라비아 숫자 0, 1, 2, ..., 9를 배운 어린이가 커다란 건물에 들어서서 '여기 0층이죠?'라고 묻는다. 어! 왜 여기가 1층이지? 어린이는 생각한다. 난 밖에서 건물로 들어왔을 뿐인데! 계단을 오르지도 않았는데 왜 1층이라고 하지?

수학의 여러 특징 중 정확성과 엄밀성은 중요하다. 그러나 조금만 생각해 보면 우리는 일상에서 수학적 오류를 수없이 범하며 지내고 있음을 알 수 있다.

건물 0층과 1층

오늘날 우리는 0을 제대로 인식하고 바르게 사용하고 있을까? 밖에서 건물을 걸어 들어가면 1층이라고 한다. 건물 밖 바닥은 0층이다. 계단을 사용해 지하로 내려가거나 위층으로 올라가지 않고 단순히 건물로 들어가면 당연히 0층이라고 해야 맞지 않는가? 한 층도 올라가거나 내려가지 않았는데 모두 1층이라고 한다.

외국이나 국내 일부 건물에서 1층이 아닌 0층의 의미로 ground로 표시한다. 이 경우 ground 층 다음 층을 1층으로 하면 관습처럼 부르는 1층과 혼란이 생긴다. 그렇다고 ground 다음 층을 2층으로 부르는 것은 0층 다음이 1층이 없는 2층이 되니 합리적이지 못하다. 때로는 익숙한 관습 때문에 불합리한 것을 알고도 바꾸지 못한다. 일부 영국 연방 국가나 로마자 사용국가에서는 1층 대신 0층을 사용하기도 한다.

학생 때 한 번쯤 풀어 보았을 문제이다. 건물 1층부터 4층까지 계단으로 걸어서 올라가면 총 60개 계단을 올라가야 한다. 만일 이 건물 4층에서 10층까지 계단으로 걸어 올라가면 몇 개의 계단을 올라가야 할까? 단, 각 층 사이의 계단 수는 같다. 정답은 120이다.

1층부터 4층까지는 3개 층이므로 한 층의 계단 수는 20이다. 4층부터 10층까지는 6개 층이 있으므로 건물 4층에서 10층까지 계단으로 걸어 올라가려면 $20 \times 6 = 120$개 계단을 올라가야 한다. 이런 문제는 우리가 건물의 0층 없이 1층이라고 부르는 데 착안한 문제이다.

21세기는 2100년일까?

건물 층수만이 아니다. 1세기는 100년을 의미한다. 그렇다면 현재 우리가 사는 21세기는 2100년이어야 하는데 그렇지 않다. 21세기는 2001년부터 2100년까지 100년을 의미한다. 왜 이런 결과가 초래되었는가? 이는 서기 1년부터 100년 기간을 0세기로 부르지 않고 1세기로 불렀기 때문이다. 우리나라에서 태어나면 나이를 곧바로 한 살이라고 부르는 현상도 같은 이치다.

우리는 가장 간단하다고 여기는 수인 0을 잘못 사용하고 있다는 사실조차 모르고 지낸다. 아라비아 숫자 중 가장 늦게 태어난 숫자가 0이다. 0이 간단하다고 해서 인류에게 쉬운 개념이 아니다. 없다는 의미를 인간이 인식하기는 쉽지 않았다. '없다'를 나타내는 숫자 0은 그만큼 어려운 개념이다.

우리나라의 나이 계산

위에서 살펴본 것처럼 0의 오류는 우리나라만의 현상이 아니다. 반면 우리나라만 가지고 있는 0의 오류도 있다. 나이를 세는 방법이다. 사람이 태어난 날을 기준으로 1년이 되어야 한 살인데 태어나자마자 0살이 아닌 한 살이라고 하는 것 역시 0에 대한 인식과 관련이 있어 보인다. 일 년 365일이 지나면 나이가 한 살 올라가야 옳다. 그런데 우리나라처럼 같은 해에 태어난 사람은 모두 나이가 같다고 하는 것이 얼마나 불합리한가? 1월 1일 태어난 사람은 364일 늦은 12월 31일에 태어난 사람과 같은 나이이다. 12월 31일에 태어난 사람과 다음 해 1월 1일 태어난 사람은 단 하루 차이에도 나이가 한 살 차이 난다. 이를 부르는 나이로 생각해보자. 12월 31일에 태어난 사람은 하루만 살아도 두 살이 된다. 반면 1월 1일 태어난 사람은 364일 살아도 한 살이라고 부른다.

같은 해에 태어난 사람을 모두 같은 나이로 취급하는 우리나라만의 나이 세는 방법은 동년배 문화에서 기인하지 않았나 생각한다. 하루빨리 우리도 만 나이로 나이 세는 방법을 바꿔야 하지 않을까?

1.3   칠전팔기가 어때서

어린이의 질문 : 칠전팔기(七顚八起)가 무슨 말이에요? 일곱 번 넘어져도 포기하지 않고 여덟 번 일어난다는 뜻이다. 이상해요. 한 번 넘어지고 한 번 일어나면 포기하지 않은 거죠? 그러니 7번 넘어져도 포기하지 않으면 7번 일어나지 왜 8번 일어난다고 하는 거죠?

'칠전팔기'는 틀린 말?

포기하지 않는 도전 정신을 칠전팔기라고 한다. 일곱 번 넘어져도 여덟 번 일어난다는 뜻인데 다시 생각해보자. 한 번 넘어졌다고 상상해 보자. 몇 번 일어나게 되는가? 당연히 한 번 넘어져서 포기하지 않으면 한 번 일어난다. 따라서 두 번 넘어지고 포기하지 않는다면 두 번 일어난다. 따져보면 일곱 번 넘어지고도 포기하지 않으면 일곱 번 일어나게 된다. 수학적으로 맞게 이야기한다면 '칠전팔기'가 아니라 '칠전칠기'다. 때로는 옳게 이야기하면 이상한 사람 취급을 받을 수 있다.

맹모삼천지교(孟母三遷之敎)도 따져보자

맹자는 어린 나이에 아버지를 여의고 홀어머니 밑에서 자랐다. 맹자의 어머니는 어린 아들의 교육에 각별한 신경을 썼다. 묘지 근처에 살던 맹자 어머니는 맹자의 교육을 위해 시장으로 이사를 하고, 다시 시장에서 학교 근처로 이사했다. 마침내 맹자는 학교 근처 면학 분위기에 적응해 공부를 열심히 했다. 이 이야기가 맹모 삼천지교인데 여기서 삼천은 맹자 어머니가 자녀의 교육을 위해 세 번 이사했다는 뜻이다.

그런데, 맹모 삼천지교 이야기를 자세히 살펴보면 사는 장소가 세 곳이다. 이사는 '묘지에서 시장으로', '시장에서 학교 근처로' 두 번이다. 지금까지 '맹모 삼천지교'라고 했는데 이제부터 '맹모 이천지교'라고 할 수는 없는 노릇이다.

비행기 여행을 설명할 때 역시 이와 비슷하게 잘못 표현하곤 한다. 한 유학생이 서울에서 출발하여 미국 미시간주 랜싱까지 간다고 하자. 인천 공항에서 국제선 비행기를 타고 샌프란시스코에 도착하여 미국 입국 수속을 마치고는 미국 국내선 비행기로 갈아타고 시카고 공항에 내려서 다시 소형 비행기를 타고 랜싱으로 갔다.

이 유학생은 비행기를 세 번 탔는데 사람들은 세 번 갈아탔다고 한다. 갈아탄 곳은 샌프란시스코와 시카고 두 곳이니 두 번 갈아탔다고 해야 맞다. 숫자 표현을 늘 맞게 하면 사람이 너무 융통성이 없다고 하니 이런 표현을 할 때마다 갈등이다.

소수점의 의미? 누가 맞는지 말해줘

코로나로 인한 방역 지침에 따라 노래방이나 학원에서 '$8\,m^2$당 한 명 수용할 수 있다.'라는 공문을 받았다. 갑과 을의 대화를 듣고 누구 말이 맞는지 판단해보자.

> 갑 : 노래방 큰 방이 가로가 $3\,m$이고 세로가 $4.4\,m$이니까 넓이는
> $$3 \times 4.4 = 13.2$$
> 이고 이를 다시 8로 나누면
> $$13.2 \div 8 = 1.65$$
> 이다. 1.65를 반올림하면 2가 돼 2명까지 수용할 수 있네.
>
> 을 : 1.65명은 사람 수잖아. 사람은 0.65명일 수 없지. 1.65명은 2명보다 적어서 2명은 안 되고 1명만 입장 가능해.
>
> 갑 : 주차장 요금이 10분당 1000원일 때 16분 주차하면 2000원 내야 하지 1000원만 내면 되냐? 그러니까 1.65명이면 2명까지 가능해.
>
> 을 : 넓이가 $8\,m^2$가 돼야 한 명이니 $16\,m^2$보다 넓어야 2명까지 수용할 수 있지. 그러니까 1명이 맞아.
>
> 갑 : 작은방은 크기가 $8\,m^2$가 안되는 데 한 명 들어가도 아무도 안된다는 사람 없다. 그러니 $8\,m^2$가 넘으면 2명이 맞거든.

갑과 을 중 누구의 말이 맞을까? 그런데 이와 비슷한 유명한 역사적 사건이 우리나라에 있었다. 갑과 을 중 누가 맞는지 살펴보기 전에 유명한 사건부터 알아보자. 1954년 제3대 국회에서 '사사오입 개헌'이란 사건이 일어났다. 사사오입(四捨五入)이란 지금의 반올림을 의미한

다. 소수점 아래 4는 버리고 5는 올린다는 뜻이다. 사정은 이렇다.

제3대 국회에서 개헌안을 표결 결과 135표가 나왔다. 재적의원이 203명인데 이들 중 $\frac{2}{3}=135.3333\cdots$가 찬성해야 개헌안이 통과된다. 따라서 당시 사회자인 부의장 최준수는 135표는 135.3333…에 미달 되므로 안건의 표결 결과 부결을 선언했다. 이 표결 결과는 열흘 후 부결을 번복하고 개정안을 통과시켰다. 그 당시 번복 이유는 이렇게 밝혔다. 203의 $\frac{2}{3}$는 135.3333…인데 135.3333…명의 소수점은 1사람이 될 수 없어 135명이라는 것이다. 따라서 135표는 헌법 개정안이 가결된 것이라고 주장하고 번복 개정안을 통과시켰다.

135는 분명 203의 $\frac{2}{3}$인 135.3333…보다 작다. 따라서 위의 개정안은 부결이 맞다. 이를 억지 논리로 통과시켜 사사오입 개헌이라는 불명예스러운 이름이 붙었다.

앞서 노래방 문제도 공문의 내용 그대로 따르면 넓이가 $8\,m^2$가 안 되는 작은방에는 단 한 명도 수용할 수 없다. 가로가 $3\,m$고 세로가 $4.4\,m$인 방은 넓이가 $13.2\,m^2$로 $16\,m^2$보다 좁다. 따라서 이방에는 한 명 수용이 가능하다. 그런데 현실은 그럴까? 현실은 갑의 마지막 대화가 말해주고 있다. $8\,m^2$가 안되는 작은 방에는 1명을 수용한다.

이 공문은 반년도 더 지나서 교정되었다. "$8\,m^2$까지 1명을 수용할 수 있다."라고 구체적인 지침으로 공문 내용을 변경한 것이다. 수 관련한 표현을 할 때 혼란이 생기지 않게 하려면 세심한 주의가 필요하다.

지금으로선 상상도 하지 못한 일을 하다

　지금 모든 나라가 사용하는 달력은 그레고리우스 달력으로, 1582년 로마 교황 그레고리우스 13세 때 만들었다. 지구의 공전주기를 기준으로 만든 달력은 이보다 약 1500년 앞선 고대 로마 율리우스 시저 시절 만들었다. 사실 달의 움직임이 아닌 태양의 움직임으로 날짜를 계산하기 때문에 우리가 사용하는 달력은 태양력이라고 불러야 옳다.

　율리우스 달력을 만들고 약 1500년이 지난 그레고리우스 13세 때, 천문학으로 다시 계산해보니 정확한 날짜와 그때까지 사용하던 율리우스 달력 날짜가 10일의 차이가 있음을 발견했다. 그레고리우스 13세는 이를 수정하고자 1582년 10월 4일 다음 날을 1582년 10월 5일이 아닌 1582년 10월 15일로 변경한다.

　1999년에서 2000년에 들어설 때 새천년이라고 요란했다. 새천년 들어서 단 1초의 편차를 줄이기 위해 지구상의 모든 컴퓨터 프로그램을 수정하는 커다란 일이 있었다. 이로 인해 전체 금융 시스템 오류가 발생하는 혼란을 겪었다. 단 1초의 수정도 이런 혼란이 생기는데 열흘의 오류를 수정하는 일은 지금으로서는 상상조차 힘든 일이다.

　만일 그레고리우스 시절 열흘의 오류를 알고도 수정하지 않았다면 과연 누가 나서서 오류를 수정할 수 있었을까? 당시 사용하고 있던 날짜가 잘못된 줄 아는 국민이 있었을까? 1초도 아닌 열흘의 오류를 혼란을 감수하고 변경한 그때의 과감한 결정이 아니었다면 우리는 영원히 틀린 달력을 사용했을 수도 있다. 지금으로선 상상하기도 힘든 일은 해낸 것이다.

1.4 엉터리 같은 무한대

학생의 질문 : '무한대+1=무한대', '무한대×2=무한대'라는데 말이 되나요?

우리가 무한대를 처음 접하는 때는 아마도 수열 단원일 것이다. 막연히 매우 크다는 의미로 알고 있을 뿐 잘 생각해보면 무한대의 정의가 생각나지 않을 것이다. 사실 고등학교 교육과정에서 무한대는 무정의 용어다. 수가 한없이 커지는 수열을 무한대로 발산한다고 하였다. 어떠한 조건을 만족해야 무한대라고 정의하지 않는다. 고등학교 수열 단원에서 이야기하는 무한대는 어떠한 실수보다 크다는 성질을 가진다. 이를 기호로 ∞로 나타내고 무한대라고 한다.

무한대는 자연수가 갖지 못하는 재미있는 성질을 갖고 있다. 반면에 무한대는 자연수와 달리 덧셈이나 뺄셈이 정의되지 않는다는 이야기를 들어보았을 것이다. 그 이유를 알아보자. 물론 무한대가 수라면 덧셈이나 뺄셈 같은 사칙연산이 가능해야 한다. 무한대는 모든 실수보다 크므로 실수가 될 수 없어 사칙연산을 할 수 없는 것이 이상한 일이 아니다.

무한대니까 가능한 이야기

일부 고등학교 교과서에 소개된 독일의 수학자 힐베르트(David Hilbert, 1862~1942)의 이야기를 살펴보기로 하자. 힐베르트는 지구가 아닌 무한한 우주에 있는 호텔에 대한 설명을 다음과 같이 했다.

무한대+1=무한대

 이 호텔에는 무한개의 방이 있다. 어느 날 호텔에 한 손님이 찾아왔는데 방이 무한개 있음에도 불구하고 방마다 모두 투숙객이 있어 빈방이 없었다. 각 방에는 1번부터 번호가 매겨져 있었다. 호텔 종업원인 힐베르트는 잠시 생각한 후, 방으로 올라가 모든 투숙객에게 방 번호가 하나 큰 옆방으로 한 칸씩 이동해주길 부탁했다. 투숙객들은 모두 옆방으로 옮겼고, 새로 온 손님은 비어 있는 1호실로 들어갔다. 무한대에 1을 더해도 여전히 무한대이기 때문이다.

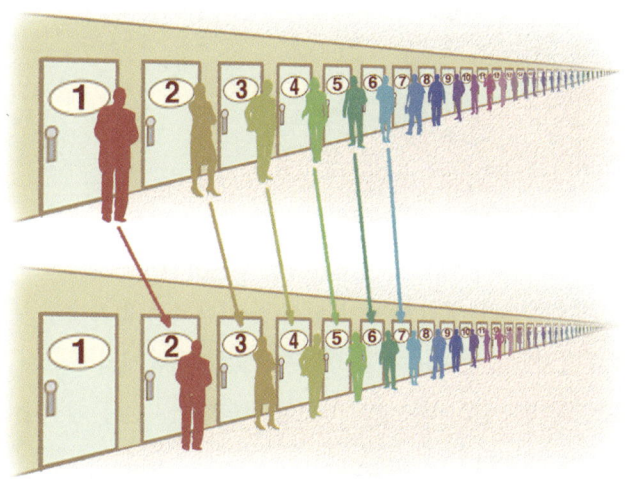

무한대×2=무한대

 다음 날 손님들이 무한대만큼 새로 도착했고 방은 모두 차 있었다. 힐베르트는 이번에는 투숙객들에게 묵고 있는 방의 번호에 2를 곱해서 그 번호에 해당하는 방으로 옮겨주길 부탁했다. 그래서 1호실 손님은 2호실로, 2호실 손님은 4호실로, 3호실 손님은 6호실로, … 이동했다.

모든 방 손님들이 이동하고 호텔에는 1호실, 3호실, 5호실, … 등 모든 홀수 번호의 무한개의 빈방이 생겼다. 힐베르트의 호텔에 새로 도착한 무한대의 손님들은 홀수 번호에 붙어 있는 무한개의 방으로 모두 배정되었다. 무한대에 2배를 해도 여전히 무한대이기 때문에 가능하다.

무한대 제대로 이해하기

힐베르트의 우주에 있는 호텔 이야기는 언뜻 들으면 그럴듯하기도 하고 다른 한편으로는 한쪽이 다른 쪽보다 많은데 생각하면 틀린 이야기 같기도 하다. 이 이야기를 수학적인 방법으로 엄밀하게 검증해보자.

두 집합을 생각해보자. 두 집합

$$N=\{1, 2, 3, 4, \cdots\}, N_1=\{2, 3, 4, 5, \cdots\}$$

의 원소 개수를 비교해 보자. 이 두 집합에서 집합 N_1은 자연수의 집합 N에서 원소 한 개 1을 제거해 얻은 집합이다. 그런데도 힐베르트에 따르면 두 집합의 원소 개수는 같아야 한다. 이제 집합 N_1의 원소의 개수가 집합 N의 원소 개수와 같다는 것을 확인하기 위해 원소의 표현을 바꾸고 다시 세어 보자.

$$N_1=\{1+1, 2+1, 3+1, 4+1, \cdots\}$$

이들 두 집합 사이에 일대일 대응이 존재한다.

$$f : N \to N_1$$
$$f(n)=n+1$$

이렇게 대응시키면 빠지는 원소도 없고 중복되는 원소도 없이 두 집합 사이에 원소가 하나씩 서로 대응한다. 이제 두 집합 $N=\{1, 2, 3, 4, \cdots\}$와 $N_1=\{2, 3, 4, 5, \cdots\}$의 원소 개수가 같다는 것이 믿어지는가?

집합 N_1이 집합 N의 진부분집합임에도 불구하고 두 집합의 원소 개수는 같다. 이런 현상은 두 집합 모두 원소의 개수가 무한대이기에 발생하는 현상이다.

이번에는 힐베르트의 두 번째 이야기를 대응을 이용해 살펴보자. 자연수 집합을 $N=\{1, 2, 3, 4, \cdots\}$으로, 짝수의 집합을 $2N=\{2, 4, 6, 8, \cdots\}$으로 나타내 보자. 과연 이 두 집합 N과 $2N$의 원소의 개수가 같은가? 집합 $2N$은 집합 N의 원소 중 무한개인 홀수를 제거해서 얻은 집합으로 생각한다면, 집합 $2N$의 원소 개수는 집합 N의 원소 개수보다 적다고 생각할 수도 있다. 그러나 집합의 원소 개수는 어떤 원소를 갖고 있는가의 문제가 아니라 개수 관점에서 헤아려야 한다.

이제 집합 $2N$의 원소를 헤아리기 쉽게 표현해 보자.
$$2N = \{1 \times 2, 2 \times 2, 3 \times 2, 4 \times 2, \cdots\}$$
임을 알면 이 집합의 원소 개수는 자연수의 집합 N의 원소 개수와 같다.

정수 집합 $Z = \{\cdots, -3, -2, -1, 0, 1, 2, 3, \cdots\}$의 원소 개수와 자연수 집합 N의 원소 개수는 같을까? 답은 예이다. 이는 스스로 확인해 보길 바란다.

무한대×무한대=무한대

한발 더 나아가 보자. 자연수 집합 N의 원소 개수와 집합
$$N \times N = \{(n, m) | n, m \in N\}$$
의 원소 개수를 비교해 보자. 집합 $N \times N$의 원소를 나열하면

$(1, 1), (1, 2), (1, 3), (1, 4), \cdots$
$(2, 1), (2, 2), (2, 3), (2, 4), \cdots$
$(3, 1), (3, 2), (3, 3), (3, 4), \cdots$
$(4, 1), (4, 2), (4, 3), (4, 4), \cdots$
$\vdots$

이다. 따라서 집합 $N \times N$의 원소 개수는 가로로 자연수와 같은 개수이고 이 전체를 다시 세로로 자연수의 개수만큼 늘어놓았다. 다시 설명하면 집합 $N \times N$의 원소 개수는 자연수 개수와 자연수 개수를 곱한 수만큼이다. 그런데 이 집합 역시 자연수 집합의 원소 개수와 같다. 이 집합의 원소 개수와 자연수 집합의 원소 개수와 같다는 걸 확인하기 위해 순서를 바꿔 차례대로 나열해 보자.

$(1, 1), (1, 2), (2, 1), (1, 3), (2, 2), (3, 1), (1, 4), (2, 3), \cdots$

이렇게 나열하면 집합 $N \times N$의 모든 원소를 빠짐없이, 또 중복 없이 나열할 수 있다. 그러므로 집합 $N \times N$의 원소 개수는 자연수 집합의 원소 개수와 같다.

무한대는 다 같은 무한대일까?

그렇다면 이쯤에서 떠오르는 질문 하나! 자연수 집합보다 원소 개수가 더 많은 집합이 존재하는가? 이 답을 처음 연구한 수학자는 게오르그 칸토어(Georg Cantor, 1845~1918)다. 그는 집합론을 연구했는데 집합을 이용하여 무한의 개념을 설명했다. 칸토어는 집합 사이의 일대일 대응을 두 집합의 원소 개수 비교의 기본 개념으로 생각했다. 계속된 연구로 자연수 개수보다 실수의 개수가 훨씬 많음을 증명해냈다.

칸토어의 증명은 당시의 수학자들이 해내지 못한 새로운 영역의 개척이었다. 위대한 업적을 이룬 칸토어는 당시 유명한 수학자들의 권위에 큰 타격이 되기에 충분했다. 이로 인해 칸토어는 당시 일부 수학자들의 비난 대상이 되었다. 그리하여 칸토어는 많은 비판자와 홀로 싸웠고 결국은 정신병원에서 사망했다. "수학의 본질은 자유다."라고 말한 칸토어처럼 상식의 벽을 깨뜨리고 생각을 자유로이 전환할 때 위대한 발견을 할 수 있다.

무한대라고 해서 다 같은 무한대가 아니다

집합 $I=[0, 1]=\{x|0 \leq x \leq 1\}$의 원소 개수는 자연수 집합 N의 개수보다 많다. 따라서 무한대라고 해서 다 같은 무한대가 아니다. 자연

수 집합과 원소 개수가 같아지려면 원소를 빠짐없이 나열할 수 있어야 하는데, 집합 I의 원소는 차례대로 나열하는 것이 불가능하다. 언뜻 생각해보아도 집합 I의 0 다음으로 작은 수를 찾을 수 없다. 정말 그럴까?

만일 누군가가 0보다 큰 실수 중 가장 작은 수를 찾았다고 하자. 그 수를 a라고 하면 $\frac{a}{2}$ 역시 0보다 큰 수이다. 그런데 $\frac{a}{2}$는 a 보다 작으므로 a가 0 보다 큰 실수 중 가장 작다고 하였으므로 모순이다. 따라서 0보다 큰 실수 중 가장 작은 수는 존재하지 않는다. 집합 I의 원소 개수가 자연수 집합 N의 개수보다 많다는 증명은 뒷부분에 하겠다.

집합을 이용하면 무한대를 정의할 수 있다.

정의1 집합과 그 집합의 진부분집합의 원소 개수가 같을 때 이 집합의 원소 개수를 무한대라고 정의한다.
정의2 자연수 집합의 원소 개수를 $\aleph_0$(알레프 제로)라고 한다.
정의3 실수 집합의 원소 개수를 c라고 한다.

참고1 유한 집합이 아닌 집합으로써 원소 개수가 가장 적은 집합은 자연수 집합이고 그 개수는 $\aleph_0$이다.
참고2 자연수 집합 N보다 원소 개수가 많은 집합 중 원소 개수가 가장 적은 집합은 실수 집합 R이라는 주장을 연속체 가설이라고 한다. 가설이니 아직 증명은 없다. 자연수 집합의 부분집합을 원소로 하는 집합

$$\mathscr{P}(N)=\{A|A\subset N\}$$

과 자연수 집합에서 집합 {0, 1}으로 대응하는 모든 함수의 집합
$$2^N = \{f \mid f : N \to \{0, 1\}\}$$
은 실수의 집합과 원소 수가 같은 집합의 예다.

참고3 실수의 집합보다 원소 개수가 더 많은 집합도 무수히 많다.

구간 $I=[0, 1]=\{x \mid 0 \leq x \leq 1\}$의 원소가 셀 수 없음을 증명하자.

닫힌 구간 I의 원소가 자연수 집합의 원소보다 많음을 증명해 보자. 증명은 귀류법으로 하였다. 만일 구간 I의 원소를 빠짐없이 나열할 수 있다고 하면, 언제나 나열되지 않은 새로운 원소를 만들 수 있다는 모순을 찾아서 구간 I의 원소를 나열할 수 없음을 보인다. 나열하지 못하면 셀 수 없다.

만일 집합 $I=[0, 1]=\{x \mid 0 \leq x \leq 1\}$의 원소의 개수를 셀 수 있다고 하자. 그렇다면 모든 원소를 차례로 나열할 수 있다. 그 원소들을 차례로 나열하여
$$x_1, x_2, x_3, x_4, \cdots$$
라고 하자. 그런데 $0 \leq x_1, x_2, x_3, x_4, \cdots \leq 1$이므로 $x_1, x_2, x_3, x_4, \cdots$는 소수로 표현할 수 있다.
$$x_1 = 0.a_{11}a_{12}a_{13}a_{14}\cdots$$
$$x_2 = 0.a_{21}a_{22}a_{23}a_{24}\cdots$$
$$x_3 = 0.a_{31}a_{32}a_{33}a_{34}\cdots$$
$$x_4 = 0.a_{41}a_{42}a_{43}a_{44}\cdots$$
$$\vdots$$

여기서
$$a_{11}, a_{12}, a_{13}, a_{14}, \cdots \in \{0, 1, 2, 3, 4, 5, 6, 7, 8, 9\}$$
$$a_{21}, a_{22}, a_{23}, a_{24}, \cdots \in \{0, 1, 2, 3, 4, 5, 6, 7, 8, 9\}$$
$$a_{31}, a_{32}, a_{33}, a_{34}, \cdots \in \{0, 1, 2, 3, 4, 5, 6, 7, 8, 9\}$$
$$a_{41}, a_{42}, a_{43}, a_{44}, \cdots \in \{0, 1, 2, 3, 4, 5, 6, 7, 8, 9\}$$
$$\vdots$$

이다. 이제 $x_1, x_2, x_3, x_4, \cdots$와 다른 새로운 수 $y=0.b_1b_2b_3b_4\cdots$를 만들자. 여기서
$$b_1, b_2, b_3, b_4, \cdots \in \{0, 1, 2, 3, 4, 5, 6, 7, 8, 9\}$$
이고
$$b_1 \neq a_{11},\ b_2 \neq a_{22},\ b_3 \neq a_{33},\ b_4 \neq a_{44},\ \cdots$$
를 만족하도록 $b_1, b_2, b_3, b_4, \cdots$를 선택하자.
이때 $y \in I$이다.

y는 x_1과 소수 첫째 자리가 다르므로 $y \neq x_1$이다.

y는 x_2와 소수 둘째 자리가 다르므로 $y \neq x_2$이다.

일반적으로 자연수 n에 대하여 y는 x_n과 소수 n번째 자리가 다르므로 $y \neq x_n$이다. 따라서 y는 I의 원소를 나열한 $x_1, x_2, \ldots, x_n, \cdots$의 원소와 다른 I의 원소이다. 그러므로 I의 원소를 나열 가능하다는 가정에 모순된다. 결론적으로 I의 원소는 셀 수 없다. 즉, 집합 I의 원소 개수는 자연수 집합 N의 원소 개수와 같을 수 없다.

참고로 실수의 집합 R의 원소 개수와 평면 집합 $R^2 = \{(x, y) | x, y \in R\}$의 원소 개수는 같다. 실수의 집합보다 원소 개수가 더 많은 집합은 함수를 이용하여 만들 수 있다. 자연수 개수의 무한대와 실수 개수의 무한대가 다른 것처럼 서로 다른 무한대는 무한히 많다.

2. 아라비아 숫자가 숫자의 제왕이 된 까닭은?

오늘날 일상에서는 아라비아 숫자를 사용한다. 과거에는 수많은 종류의 숫자가 있었다. 지금도 로마 숫자나 한자 숫자는 간혹 사용하지만 아라비아 숫자의 위상과는 비교가 안 될 만큼 존재가 미약하다. 그 많던 숫자 중 아라비아 숫자가 숫자의 제왕으로 자리 잡은 이유는 무엇일까? 아라비아 숫자만이 갖는 특징을 알아보자.

2.1 쉽지 않았던 숫자의 탄생

얼마 전 아마존 밀림에 사는 한 부족의 생활 모습이 TV를 통해 방영되었다. 거의 모든 생활용품을 자급자족하던 부족은 관광객에게 전통춤을 공연하고 돈을 받기 시작했다. 그런데 돈을 벌어도 부족의 삶은 변화가 없다. 평생 글자도 모르고 살아온 부족은 수의 개념을 모른다. 돈의 개념도 없는 부족은 관광객에게 받은 돈은 모조리 상인에게 지불하고, 상인이 주는 물건을 받아올 뿐이었다.

수의 개념 인지와 이를 표현한 숫자

인류가 수의 개념을 인지하기 시작했을 때는 수를 나타내는 글자가 존재하지 않았을 것이다. 숫자 없는 삶을 가상으로 예를 들어보자. 한 사람이 사과를 사고 판매상에게 집으로 가져다 달라고 한다. 사과를 산 사람은 사과의 개수만큼 작은 돌멩이를 주머니에 넣고 집으로 먼저 돌아간다. 나중에 배달받은 사과의 개수를 확인할 때, 사과 하나와 돌멩이를 하나씩 짝지어 확인한다. 당시에는 수의 개념이 없었기에 사과를 세고 돌멩이의 개수를 확인할 수 없었다. 사과 하나에 돌멩이 하나씩 짝을 지어 확인했다. 돌멩이를 가지고 사과의 개수를 확인하는 방법은 숫자를 사용하는 지금과 비교하면 매우 불편하다.

인간은 더 간편한 방법을 찾는다. 작은 돌멩이 대신 같은 개수만큼 다른 물건으로 대신해도 같은 역할을 할 수 있음을 알게 되었다. 한 걸음 더 나아가 주머니에 물건을 넣는 대신 사과 개수만큼 표시하는 것이다. 주머니 속의 작은 돌멩이가 필요한 것이 아니라 개수만 필요한 것을 인식한 것이다. 결국 작은 돌멩이는 허상이었고 우리에게 필요한 것은 개수를 의미하는 표시로도 충분하다는 것을 알게 된다. 수의 개념을 인식하기 시작했다.

수의 개념을 인식하면서 수를 표현할 필요를 느끼기 시작한다. 숫자의 탄생이다. 나뭇가지나 돌멩이는 수를 표현하는 가장 오래된 방법이다. 수를 표현하기 위해 사물을 이용하는 데서 글자로 발전하기 시작한다. 초기에는 '하나, 둘, 셋'을

○　○○　○○○ …
/　//　///　…

등으로 나타냈다.

왜 숫자 탄생이 오래 걸렸을까?

우리가 지금 매우 쉽게 생각하고 일상에서 늘 사용하는 수가 탄생하기까지는 오랜 세월이 걸렸다. 수의 개념이 인간에게 형성되기까지 오랜 세월이 걸린 데에는 수가 갖는 추상적인 개념 때문이다.

여기서 추상적이라는 의미는 여러 대상의 보편성을 나타내는 것이다. 한 예로 '사람'이라고 하면 구체적인 한 사람을 뜻하는 것이 아니다. 오늘날 우리가 사람이라고 부르는 모든 대상을 의미하는 추상적인 개념이다. 인간이 사용하는 대표적인 추상적 개념은 아마도 돈일 것이다. 돈 천 원은 구체적인 하나의 물건이 아니라 어떤 물건이든 상관없는 천 원의 가치라는 추상적인 개념이다. 물물 교환처럼 구체적인 거래 대신 화폐라는 추상적 매개로 거래를 시작한다. 추상화 그림도 마찬가지다. 구체적인 대상을 묘사한 그림이 아니라 대상으로부터 느끼는 인간의 감정을 표현하는 추상화도 같은 맥락으로 이해할 수 있다.

수는 인간이 오랜 기간 익숙하게 사용했지만 쉽지 않은 추상적인 개념이다. 돌멩이와 사과 사이에 공통점을 찾기 어렵다. 인류는 돌멩

이 한 개, 사과 한 개, 사람 한 명처럼 '하나'라는 추상적인 개념을 알아내기 어려웠다. 지금은 익숙한 수가 갖는 추상적 성질은 고대인에게는 어려운 개념이었다.

2.2 고대에는 어떤 숫자가 있었나?

기원전 약 3300전경 고대 이집트인들은 신성문자를 이용해 숫자를 나타내었다. 신성문자에서는 자리를 나타내는 수를 그림으로 표현했다. 즉 1, 10, 100 등을 나타내는 그림이 따로 존재했다.

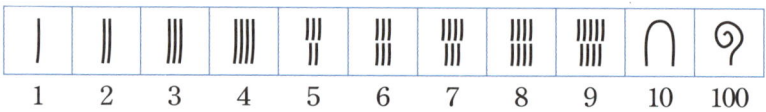

바빌로니아(기원전 20세기 경)에서는 쐐기 문자를 이용해 숫자를 표현했다.

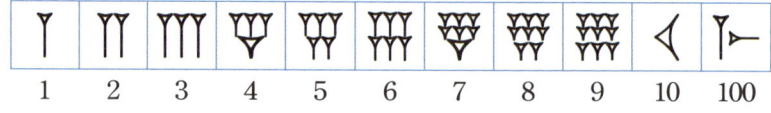

고대 그리스(기원전 1100년 경부터 기원전 146년까지)에서는 '아테네 숫자'와 '이오니아 숫자'를 사용했다. 아테네 숫자의 1, 5, 10, 50, 100은 차례로 다음과 같다.

$$| \ \Gamma \ \Delta \ \mathrm{F} \ \mathrm{H}$$

이오니아 숫자는 문자를 숫자의 의미로 그냥 사용했다. 하나를 α,

둘을 β 등으로 표현했다. 초기에는 대문자를 사용했고 소문자 사용은 나중에 등장했다. 곧 문자 자체가 숫자를 의미하고, 역으로 숫자를 표현하기 위해 문자를 사용했다. 이러한 현상은 현재에도 존재한다. 대학에서 학점을 A, B, C, D, F로 나타내는데 A는 4점, B는 3점, C는 2점, D는 1점, F는 0점을 의미한다. 이는 글자 자체가 수의 의미를 나타내는 예이다.

고대 로마(기원전 5세기 중엽부터 기원후 8세기까지)에서는 나뭇가지 모양에서 발전해 지금도 이용되는

Ⅰ Ⅱ Ⅲ Ⅳ Ⅴ Ⅵ Ⅶ Ⅷ Ⅸ Ⅹ
Ⅺ Ⅻ L C D M

등을 사용했다.

중국에서는 나뭇가지를 사용해 수를 표현하던 것이 숫자로 발전한다. 하나부터 열까지를

一 二 三 四 五 六 七 八 九 十

의 글자로 이름을 정했다. 또 백, 천, 만, 억, 조, 경을

百 千 萬 億 兆 京

으로 정해 사용했다. 중국에서 사용하던 숫자 一, 二, 三, … 등은 우리나라에서도 사용했는데 변형하기가 쉬워 상인들이나 공문서에서 위조의 문제가 있었다. 따라서 공문서에는 이들을 대신해서

일壹 이貳 삼參 사四 오伍 육陸
칠柒 팔捌 구玖 십拾 백佰 천仟

을 사용했다. 이 한자는 〈세종 왕조실록〉 세종 18년의 기록에 의정부의

권유로 모든 공문서에 사용하도록 명하였다고 적혀있다.

앞서 살펴본 것처럼 유물이나 문헌에 따르면 과거에는 여러 종류의 숫자가 있었다. 하지만 오늘날 가장 널리 쓰이는 숫자는 단연 아라비아 숫자

$$0, 1, 2, 3, 4, 5, 6, 7, 8, 9$$

이다. 여기서 아라비아는 오늘날의 아랍을 뜻하는데 사실 아라비아 숫자는 인도에서 만들어진 숫자이다. 인도에서 만들어지고 쓰이던 숫자가 왜 아라비아 숫자로 불리게 되었을까? 어떤 이유에서 수많은 종류의 숫자 중 아라비아 숫자가 오늘날 통용되는 숫자로 자리 잡게 되었나? 이에 대한 답은 0과 밀접한 관련이 있다. 먼저 0에 대하여 알아보자.

2.3 아라비아 숫자가 숫자의 제왕이 된 까닭은?

수 중 가장 어려웠던 0

인간이 없다는 것을 숫자로 표현하기까지 오랜 세월이 걸렸다. 0으로 나타내는 이 기호가 나타난 초기에는 모래판에 늘어놓은 돌멩이 중에서 하나를 들어낸 빈자리의 모양을 하고 있다. 130년 경에 알렉산드리아의 프톨마이우스(Ptolmaeus)가 쓴 〈알마게스트〉에는 60진법이 사용되었고 'o'이 쓰이긴 했지만 '숫자'가 아니라 빈 곳의 의미였다.

인도의 '없다'라는 개념은 오래되었다. "없는 것은 나타낼 수 없다."

라는 생각에서 "없는 것을 나타낼 수 있다."라는 생각으로 한 단계 진전하는 데 매우 오랜 세월이 걸렸다. 앞서 0에 관련된 오류를 살펴보았듯이 인간이 0을 제대로 인식하는 일은 매우 어려운 일이다.

0을 숫자의 의미로 처음 쓴 것은 멕시코 남부와 과테말라의 마야 (기원전 300년부터 기원후 900년까지) 사람들로 알려졌다. 그들은 굴 껍데기로 0을 표시했는데 '비어 있음'을 의미했다고 한다.

'없다'를 인식하기 어려움은 수학 영역에만 국한되지 않았다. 그런 의미에서 한글에서 초성이 소리가 없을 때 'ㅇ'을 사용한 것을 보면 당시 매우 과학적인 한글 연구가 있었다고 여겨진다. 이를 수학으로 생각하면 없다는 것을 0으로 표현한 것과 같은 이치로 이해할 수 있다.

0의 자릿수 역할

'없다'에 수의 의미를 부여해 지금의 십진법에 자리(위치)에 따라 그 의미가 다르게 사용되기 시작한 것은 5세기 이후이다. 자리에 따라 그 의미가 다르다는 것을 살펴보자. 두 숫자

103   2,041

에서 0의 자리가 다르다. 물론 둘 다 '없다'라는 같은 의미이다. 그러나 103의 0은 10이 '없다'라는 의미이고, 2,041의 0은 100이 '없다'라는 의미이다.

여기서 0만이 갖는 성질이 있다. 숫자 '하나'는 하나가 의미하는 대상에 따라 다르다. 사과 하나와 꽃 한 송이를 말할 때 하나가 나타내는 대상은 다르다. 그러나 사과 0개나 꽃 0송이는 모두 '없다'를 표현한

다. 그래서 0은 유일하다고 이야기하기도 한다.

0의 중요한 역할

인도와 유럽 사이를 오가며 장사를 하던 아라비아 상인들이 인도 숫자를 유럽에 전파하는 데 큰 역할을 한다. 우리가 사용하는 아라비아 숫자는 인도에서 유래돼 아라비아 상인들이 유럽에서 사용해 유럽으로 전파돼 나갔다. 유럽인들은 이 숫자를 아라비아 숫자라고 불렀고 오늘날 모두 아라비아 숫자라고 하지만 사실은 인도의 숫자이다. 일부 수학자들은 이런 이유에서 오늘날 우리가 사용하는 아라비아 숫자를 '인도·아라비아 숫자'라고 부른다.

825년 페르시아(오늘날의 이란)의 수학자인 '무함마드 이븐 무사 알콰리즈미(Muhammad Ibn Musa al-Khwarizmi 780? ~ 850)가 쓴 책 〈인도 수학에 의한 계산법〉이 아라비아 숫자가 숫자의 대표가 되는 데 큰 계기가 된다. 이 책은 12세기에 라틴어로 번역되었다. 인도에서 도입된 아라비아 숫자를 이용해 최초로 사칙연산(덧셈, 뺄셈, 곱셈, 나눗셈)을 만들고 자릿값으로써 0을 사용한 수학책이다. 0이 위치에 따라 자릿값을 나타내는 중요한 역할을 시작한 것이다. 그는 '대수학의 아버지'로 불리기도 한다. 알고리즘이라는 말은 그의 이름에서 나왔고, 대수학을 뜻하는 영어 단어 엘지브라(Algebra)는 그의 저서 〈al-jabr wa al-muqabala〉로부터 기원한다고 한다.

인도 숫자에서 0의 출현과 0을 십진법에서 자릿값으로 표현함으로써 오늘날 우리가 사용하는 십진법 체계를 갖추었다. 이는 숫자를 계산하는 덧셈, 뺄셈, 곱셈, 나눗셈과 같은 연산에 편리하게 만들어 주었다. 이러한 편리성 때문에 인도 숫자는 아라비아 숫자라는 이름으로 유럽에서 널리 쓰이게 되었고 세계로 전파돼 오늘날에 이르렀다.

2.4 나폴레옹의 등장과 진법의 운명

인류가 처음 수를 세기 시작했을 때는 상대적으로 적은 수만을 사용했다. 수를 표시할 때도 나뭇가지를 필요한 개수만큼 일렬로 늘어놓아 표현하는 것으로 충분했다. 즉 하나의 기호만을 사용해 자연수를 표현하는 방법이다. 구태여 따진다면 1진법이다.

$$| \quad || \quad ||| \quad |||| \quad \cdots$$

그러나 세는 수가 점점 커짐에 따라 이 방법은 효율적이지 못한 문제를 안고 있음을 알게 된다.

1진법으로 덧셈이나 뺄셈을 할 때 어떠한 복잡한 생각을 할 필요가 없다. 이런 1진법의 장점 뒤에는 체계적이지 못하며 압축성을 갖고 있지 못하다. 이를 극복하는 방법을 찾기 시작한다. '진법'의 탄생이다. 각각의 자리가 값을 갖는 '기수법'의 방법을 이용한 진법으로 큰 수를 간단히 표현해 비효율을 극복한다. 현재 사용하는 아라비아 숫자의 10진법은 인도에서 출현했다. 그러나 기수법은 인도뿐만 아니라 고대 바빌로니아에서도 사용되었다. 고대 바빌로니아에서는 10진법이 아닌 60진법이 사용되었다.

고대 바빌로니아의 쐐기 문자에서 '하나'를 나타내는 기호는 'Y'처럼 생겼다. '열'을 나타내는 기호는 '<'처럼 생겼고 60진법을 사용했다. 이들이 사용한 숫자는 혼란을 초래하기도 하였다. 이 당시에는 자

리를 의미하는 0을 사용하지 않은 이유도 있지만 '하나'를 나타내는 기호 'Y'를 때로는 60의 의미로 사용했고, 심지어 'Y'가 $\frac{1}{60}$을 나타내기도 했기 때문이다. 고대 바빌로니아에서 사용한 60진법은 일 년이 360일 정도로 생각한 것과 관련이 있는 것으로 여겨진다.

60진법은 매우 불편하게 여겨지기도 하지만 꼭 그런 것만도 아니다. 지금도 우리가 사용하고 있다. 1시간이 60분이고 1분이 60초인 것도 60진법이다. 또 각의 크기를 이야기할 때 1도(degree)가 60분이고, 1분이 60초이니 진법은 익숙하기 나름인 듯싶다. 테니스에도 점수를 매길 때 0(love), 15(fifteen), 30(thirty), 40(forty), 60(game)로 부르는 것도 60진법과 유사하다. 참고로 테니스에서 40(forty)는 45(forty five)가 줄어든 변형이다. 나이 60을 환갑이라고 부르는데 이 또한 60진법이다. 갑자년에서 다시 갑자년이 돌아오는데 60년이 걸린다. 10간(갑甲, 을乙, 병丙, 정丁, 무戊, 기己, 경庚, 신辛, 임壬, 계癸), 12지(자子, 축丑, 인寅, 묘卯, 진辰, 사巳, 오午, 미未, 신申, 유酉, 술戌, 해亥)를 이용해, 날수나 햇수를 셀 때 60을 주기로 같은 이름이 등장한다.

이진법은 17세기에 라이프니츠가 제안한 것으로 알려져 있다. 그러나 중국의 오래된 책인 주역에 설명된 내용을 이해하면 이진법의 이치가 사용되었다는 것을 알 수 있다. 음과 양을 토대로 사(4)상, 팔(8)괘에 이어 64괘까지 생기는 것을 설명하고 있다. 이진법은 두 개의 기호로 수를 표현하는 방법을 이야기한다.

현재의 교육과정에서는 배우지 않지만, 전에는 중학교에서 이진법을 공부했었다. 이진법은 오로지 두 개의 기호, 0과 1을 이용해 수를 나타내는 방법이다. 이진법으로

$$10011_{(2)}$$

은 우리가 사용하는 십진법으로

$$10011_{(2)} = 1 \times 2^4 + 0 \times 2^3 + 0 \times 2^2 + 1 \times 2^1 + 1$$
$$= 19$$

이다.

5진법의 예를 들어보자. 5진법은 0, 1, 2, 3, 4만 사용한다. 5진법으로 $21034_{(5)}$는 십진법으로

$$21034_{(5)} = 2 \times 5^4 + 1 \times 5^3 + 0 \times 5^2 + 3 \times 5^1 + 4 \times 5^0$$
$$= 1250 + 125 + 0 + 15 + 4$$
$$= 1394$$

이다.

우리가 익숙한 십진법에 비해 이진법은 여전히 큰 수를 표현하는 데 불편하다. 그럼에도 불구하고 오늘날 우리는 자신도 모르는 사이 이진법 속에서 살고 있다. 매일 사용하는 핸드폰, 인터넷, 컴퓨터, TV 등 이루 말할 수 없는 많은 전자 제품의 모든 프로그램이 이진법을 이용한다.

영국의 조지 불(G Boolers, 1815~1864)은 1을 존재 또는 옳다(yes), 0을 '없다' 또는 '틀리다'(no)를 표현하는 것으로 숫자를 논리로 변환을 한다. 그는 1854년 〈생각의 법칙〉이라는 책을 저술했는데 이 책을 통해 논리의 대수학을 개발했다. 그의 생각은 20세기 초에 클라우드 섀넌(C Shannon 1916~2001)에 의해 전깃불이 들어오고 나가는 논리회로를 구성할 수 있게 된다. 스위치를 켜서 전기가 흐르는 것으로 1을, 스위치를 꺼서 전기가 흐르지 않는 것을 0의 형태로 1비트(Bit)를 형성한다. 오늘날의 디지털 혁명의 뒷면에는 이진법이 자리 잡

고 있다.

오늘날 인류가 가장 널리 사용하는 십진법은 양손의 손가락 개수가 열 개인 인체의 구조와 관련이 있는 것으로 여겨진다. 인도인들은 아라비아 숫자라고 부르는 열 개 만의 기호를 사용해 모든 자연수에 이름을 부여하는 방법을 개발했다. 십진법의 각기 고유한 이름을 가진 기호 열 개는 각각 고유한 의미를 갖는 것이 아니라 각 기호가 어느 위치에 자리하느냐에 따라 기호가 나타내는 의미가 다르다. 십진법의 탄생에는 물론 0의 역할이 결정적이다.

이탈리아에서 태어난 레오나르도(훌륭한 성품을 가진 사람을 뜻하는 보나치오의 아들이라는 피보나치, Fibonacci라고 불렸다.)는 아버지를 따라 다니면서 아랍인들이 사용하는 기수법을 배워 1202년에 〈산법서〉라는 책을 저술해 인도의 기수법을 유럽에 알렸다. 레오나르도가 인도의 기수법에서는 아홉 개의 기호를 사용해 모든 수를 표현한다고 한다고 한 것을 보면 이때까지도 0의 중요성을 잘 알지 못한 듯하다. 실제로 인도의 기수법이 유럽에서 널리 쓰이게 된 것은 이보다 한참 후인 1600경이다.

나폴레옹의 진법에 대한 명령

프랑스 혁명(1787~1799) 당시 십진법을 숭배하는 학자들의 영향을 받은 혁명 정부는 1793년부터 일주일을 열흘로, 한 달은 30일, 일 년을 열두 달과 닷새의 공휴일로 하는 새로운 달력을 시행했다. 1795년 11월 1일부터 하루는 열 시간, 한 시간은 백 분, 일 분은 백 초로 정했다. 당시 유명한 수학자이며 천문학자인 라플라스는 하루가 열 시간으로 되어있는 시계를 차고 다녔다고 한다.

　이뿐만 아니라 직각을 100도, 1도는 100초로 정했다. 이런 진정한 십진법은 오랜 관습의 저항을 받았고 결국 10년 정도 시행되다가 나폴레옹의 등장으로 이전의 제도로 되돌아갔다. 만일 그때 10진법 사용이 이전 제도로 돌아가지 않고 계속 사용하였다면 지금 하루는 10시간일 수도 있다.

　오늘날 선진국인 미국에서도 거리, 무게, 들이를 나타내는 도량형은 십진법인 미터 단위와 그램 단위를 사용하지 않고 있다. 미국의 토머스 제퍼슨은 스테빈의 저서 〈십 분의 일〉에 감동해 미국 정부에 1790년 도량형을 십진법으로 사용하기를 제안한다. 그러나 이 제안은 국회에서 한 표 차로 부결된다. 선진국인 미국인의 오늘날 일상생활에서 길이, 거리를 이야기할 때 피트, 야드, 마일 단위를 사용하고, 무게는 파운드, 들이는 겔론을 사용한다. 그러나 같은 미국이라도 우주과학 분야나 의학, 약학 분야에서는 도량형을 십진법으로 사용하고 있다. 나사(NASA)에서는 거리를 십진법인 미터법으로, 병원에서는 무게나 들이를 십진법인 그램이나 리터를 사용하고 있다. 한 나라에서 두 가지 단위가 동시에 사용하고 있는 현상은 관습이 얼마나 큰 힘을 갖고 있다는 것을 말하는 듯싶다.

진법에서 소수점 표현

　중세 유럽의 벨기에 서부, 네덜란드 남서부, 프랑스 북부 지역에 걸쳐있던 국가 플랑드르의 수학자인 스테빈(1548~1620)은 1585년 그의 저서 〈십 분의 일〉에서 십진법을 이용해 소수를 체계적으로 나타내는 시도를 했다. 현재의 소수점 이하를 점(.)을 이용해 표현하는 방법은 네이피어(1550~1617)에 의해서이다.

진법에서 소수점 부분을 생각하면 꼭 십진법이 가장 편리한 것이 아니다. 예를 들어서 $\frac{1}{3}$의 십진법 소수점 표현은 0.3333…이지만 $\frac{1}{3}$을 삼진법으로 표현하면 0.1이다. 예전에는 십진법에 반대하는 사람들도 있어서 3과 4의 배수인 12진법이 더 편하다고 주장하는 사람도 있었다. 물론 12진법에서 소수점 표현은 십진법보다 간단한 경우가 많다. 그렇다고 12진법에서 소수점 표현이 항상 십진법보다 편리한 것은 아니다. 예를 들어 5는 10의 약수이기 때문에 $\frac{1}{5}=\frac{2}{10}$를 십진법으로 표현하면 0.2로 유한소수이지만 12진법에서는 무한소수로 나타난다. 물론 그 이유는 5가 12의 약수가 아니기 때문이다. 어느 특정한 진법이 다른 진법보다 절대적으로 좋을 것이라는 생각은 편견이다. 다만 우리는 십진법에 익숙해져 있을 뿐이다.

2장

왜 배울까?

1. 왜 배우는 걸까?

중·고등학교 수학 수업 시간에는 다양한 용어의 개념, 원리, 공식 등을 배운다. 새로운 단원을 시작하면서 왜 배워야 하는지 근본적인 궁금증은 방치한 채, 설명하는 내용을 그대로 받아들이고는 반복해서 문제를 푼다. 그러나 아무리 많은 문제를 풀어도 근본적인 궁금증은 해소되지 않는다. 모든 일이 마찬가지지만 학습도 배우는 이유를 모른다는 건 의미가 없는 일이다. 이유를 알고 나면 흥미가 생기기도 한다. 학교에서 배우는 수학 내용 중 몇 가지 대표적인 용어의 배우는 의미를 살펴보자.

1.1 역수의 방정식에서의 역할

중학생 때 역수를 배운다. 3의 역수는 $\frac{1}{3}$, 6의 역수는 $\frac{1}{6}$, $\frac{2}{7}$의 역수는 $\frac{7}{2}$이고, 0의 역수는 없다. 0이 아닌 실수 a에 대하여 $\frac{1}{a}$을 a의 역수라고 한다. 역수는 왜 배우는 걸까?

방정식은 긴 역사를 가진 수학의 한 영역이다. 약 4000년 전에도 지금의 이라크 지역에 살던 수메르인들은 일차방정식 같은 쉬운 방정식을 연구하였다. 지금 사용하는 방정식이라는 용어는 약 2000년 전에 저술되었다는 구장산술로부터 유래되었다고 한다. 구장산술은 9개 장으로 구성된 중국의 수학책이다. 9개의 장 중 제 8장이 방정(方程) 단원인데 방정식이란 이름의 시초가 되었다고 한다.

사칙연산인 덧셈, 뺄셈, 곱셈, 나눗셈만 가지고 일차방정식을 해결할 수 있다. 그런데 뺄셈은 덧셈의 반대 연산이고 나눗셈은 곱셈의 반대 연산이다. 따라서 일차방정식은 덧셈과 곱셈의 두 연산과 이들의 반대 연산으로 해결할 수 있다. 이제 4개의 사칙연산 대신 덧셈과 곱셈 두 연산과 뺄셈과 나눗셈을 대체하는 수단을 찾기로 한다. 중학교에서 배우는 역수가 대체 수단 중 하나이다.

7에 대하여 -7을 7의 덧셈에 대한 역원이라고 한다. 5의 덧셈에 대한 역원은 -5이고, -4의 덧셈에 대한 역원은 $-(-4)=4$이다. 일반적으로

임의의 각 실수 x에 대하여
$$x+(-x)=(-x)+x=0$$
이 성립한다. 이때 $-x$를 실수 x의 덧셈에 대한 역원이라고 한다.

같은 방법으로 곱셈에 대한 역원도 정의한다.

0이 아닌 임의의 각 실수 x에 대하여
$$x \cdot \frac{1}{x} = \frac{1}{x} \cdot x = 1$$
이 성립한다. 이때 $\frac{1}{x}$을 0이 아닌 실수 x의 곱셈에 대한 역원이라고 한다. 곱셈에 대한 역원은 역수라고 한다.

역원을 이용하여 뺄셈과 나눗셈을 대체하자.

7에서 4를 빼는 대신 7에 4의 덧셈의 역원을 더한다. 즉 7−4를 계산하는 대신 7+(−4)를 계산한다.

7을 4로 나누는 대신 7에 4의 곱셈의 역원을 곱한다. 즉 7÷4를 계산하는 대신 $7 \times \frac{1}{4}$을 계산한다.

이와 같은 방법으로 덧셈, 곱셈 두 연산과 역원을 이용하여 방정식을 해결하자. 이전 교과과정에서는 초등학생 때 거꾸로 생각하기라는 단원이 있었다. 거꾸로 생각하기란 마지막 상황에서 한 단계씩 거꾸로 생각하면 처음에 구하고자 하는 것을 알아낼 수 있다는 것이다. 거꾸로 생각하기가 역원 찾기이다.

> Q : 현금 5000원을 가지고 연필 2자루를 샀더니 4400원이 남았다. 연필 한 자루의 가격은 얼마인가?
>
> **중학교 과정의 일반적인 방정식 풀이**
>
> A : 연필 1자루의 가격을 x라고 하면, 연필 2자루의 가격은 $2x$가 된다. 연필 2자루의 가격 $2x$와 남은 돈 4400원의 합은 처음 가지고 있던 현금 5000원과 같다. 따라서
>
> $$2x + 4400 = 5000$$
>
> 이다. 이 방정식의 양변에서 4400을 빼면
>
> $$2x = 600$$
>
> 이고 다시 양변을 2로 나누면
>
> $$x = 300$$
>
> 이다. 연필 한 자루의 가격은 300이다.

고등학교 과정의 역원 사용한 풀이

A : 식

$$2x+4400=5000$$

에서 좌변에 마지막에 수행한 연산은 4400을 더하는 것이다. 이를 거꾸로 하기 위해 4400의 덧셈에 대한 역원을 식의 양변에 연산하자.

$$(2x+4400)+(-4400)=5000+(-4400)$$

이 식에 결합법칙을 적용해

$$2x+\{4400+(-4400)\}=600$$

식을 얻는다. 역원의 정의에 따라

$$2x=600$$

을 얻는다.

이 식의 좌변의 마지막 연산은 2를 곱한 것이므로 거꾸로 2의 곱셈에 대한 역원을 식의 양변에 연산한다. 덧셈에서와 같이 결합법칙과 사용하면

$$\frac{1}{2}(2x)=\frac{1}{2}\cdot 600$$

$$\left(\frac{1}{2}\cdot 2\right)x=300$$

$$1\cdot x=300$$

$$x=300$$

을 얻는다.

위의 예에서는 방정식이 간단해 역원을 이용한 풀이 과정을 생각하는 것이 오히려 귀찮을 수 있다. 하지만 복잡한 식이 있는 경우를 생각하면 사정은 달라진다. 복잡한 방정식은 어떻게 풀 것인가? 복잡한 방

정식도 마찬가지다. 어떤 문제든 한 단계씩 계속하여 거꾸로 생각해보면 처음 알고자 하는 것을 구해낼 수 있다. 방정식에서도 같은 이치로 마지막에 수행한 연산을 찾고 역원을 찾아 차례대로 연산하면 쉽게 풀 수 있다. 역원의 존재는 해의 존재와 관련 있다.

1.2 역함수가 말해주는 방정식의 해

고등학교에서 주어진 함수의 역함수를 정의하고, 역함수의 존재 조건에 대해 공부한다. 왜 배우는 것일까? 역함수가 존재한다는 의미는 무엇인가? 역수가 방정식의 풀이와 관련이 있는 것처럼 역함수도 방정식의 풀이와 관련이 있지 않을까?

함수와 방정식의 관계

함수와 방정식은 밀접하게 연결되어있다. 특히 고등학교까지 수학에서 배우는 대부분 함수는 방정식과 관련된 범위를 벗어나지 못한다. 따라서 고등학교에서 배우는 함수를 잘 이해하려면 함수와 방정식의 연결을 이해하는 것이 공부에 도움 된다.

만일 $f(x)=x^2-x-12$라고 하면
$f(x)=0$은 $x^2-x-12=0$인 방정식이고
$y=f(x)$는 $y=x^2-x-12$인 함수다.

일반적으로 $f(x)$를 x에 관한 식이라고 하면
$f(x)=0$

은 x에 관한 방정식이다. 또

$$y=f(x)$$

는 y는 x에 관한 함수이다. 따라서 함수 $y=f(x)$에서 $y=0$이면 방정식 $f(x)=0$이 된다. x에 관한 방정식

$$f(x)=0$$

을 푼다고 하는 의미는 식 $f(x)=0$를 만족시키는 x를 구하는 것이다.

이제 역함수의 존재 의미를 알아보자. 역함수를 왜 배우는지 알기에 앞서 함수를 왜 배우는지 알아야 한다. 함수를 왜 배우는가에 대한 설명은 간단하지 않아서 뒤에서 자세히 설명하기로 한다. 여기서는 함수와 방정식의 관계 관점에서 살펴보기로 한다. 역함수를 정의하려면 먼저 항등함수를 이해해야 한다.

정의역의 모든 원소 x에 대하여 $I(x)=x$인 함수 I를 항등함수라고 한다. 또 주어진 함수 $f : x \to y$에 대하여

$$g(f(x))=x,\ f(g(y))=y$$

를 만족시키는 함수 $g : y \to x$를 f의 역함수라고 하고

$$g=f^{-1}$$

로 나타낸다. 두 수의 덧셈처럼 두 함수의 연산을 두 함수의 합성으로 정의하면 역함수는 주어진 함수의 합성에 대한 역원이다. 역함수의 존재는 어떤 의미를 갖는지 살펴보자.

이제 만일 함수 f의 역함수를 찾았다고 하고 역함수를 f^{-1}라고 하자. 역함수의 정의에 의해

$$f^{-1}(y)=f^{-1}(f(x))=I(x)=x$$

이다. 이때 이 식에 $y=0$를 대입하면 식

$$f^{-1}(0)=x$$

를 얻는다. 여기서 x의 값 $x=f^{-1}(0)$은 방정식 $f(x)=0$의 해이다. 역함수의 존재는 방정식의 해의 존재성과 밀접하다. 물론 해의 존재성과 역함수의 관계를 이야기할 때 0이 함수 $y=f(x)$의 치역의 원소여야 한다. 결론적으로 0이 주어진 함수의 치역의 원소이고, 역함수가 존재하면 함수에 대응하는 방정식의 해가 존재한다.

지금까지의 내용을 대응으로 요약 정리하여보자. 참고로 함수를 대충 이야기하면 대응이다. 역함수는 함수가 의미하는 대응의 거꾸로 대응이다.

방정식이 $2x+6=0$일 때 이에 대응하는 함수는 $y=2x+6$이다. 또 역함수는 $x=2y+6$으로부터 $y=\frac{1}{2}x-3$이다. 이때 $f(x)=2x+6$이고 $f^{-1}(x)=\frac{1}{2}x-3$이다.

함수 : $x \to y=f(x)$,
$y=2x+6$
역함수 : $x \leftarrow y=f(x)$,
$f^{-1}(x)=\frac{1}{2}x-3$
방정식 : $x \to 0=f(x)$,
$2x+6=0$
방정식의 해 : $x \leftarrow 0=f(x)$,
$x=f^{-1}(0)=\frac{1}{2} \cdot 0-3=-3$

따라서 역함수의 존재는 함수에 대응하는 방정식의 해의 존재를 말한다.

한 방정식이 있는데 해가 존재하는지 알아내기 어렵다고 하자. 이 방정식에 대응하는 함수를 만들어 역함수를 갖는지 알아본다. 잘 알려진 것처럼 일대일 함수는 역함수를 가진다. 방정식의 해가 존재하는지 알아보는 대신 방정식에 대응하는 함수를 만들어 이 함수가 일대일이 되는지 알아보는 것으로 변환할 수 있다. 역함수의 존재는 방정식의 해가 존재함을 뜻한다.

1.3 결합법칙이면 OK

수나 식에 대한 단원이 시작되면 어김없이 결합법칙을 배운다. 수나 식뿐만 아니라 집합의 연산에서도 결합법칙을 배운다. 연산을 정의하는 단원에서는 어김없이 결합법칙이 성립하는지 따져본다. 연산을 정의할 때마다 결합법칙을 배운다면 분명 이유가 있을 것이다. 어떤 이유일까? 이유를 알아내기 앞서서 간단히 정의를 살펴보자.

세 실수 a, b, c의 덧셈에 대하여
$$a+(b+c)=(a+b)+c$$
가 성립한다. 이를 결합법칙이라고 한다.

결합법칙이 어떤 의미가 있는지 알아보자. 두 수의 덧셈을 간신히 하는 어린아이가 있다. 이 어린이에게 세 개의 수를 더하라고 하면 어떤 반응을 보일까? 학교에 다니는 학생이나 어른에게는 쉬운 이 질문이 두 개의 수를 간신히 덧셈하는 어린이에게는 세 수의 덧셈은 불가능할 수도 있다.

두 수의 덧셈만 가지고 세 수를 더하는 방법은 이미 알고 있다. 세 개의 수 중 두 수를 선택해 더하여 하나의 숫자를 얻고 여기에 나머지 하나의 수를 더하면 된다. 결합법칙이 성립한다는 것은 세 개의 수 중 먼저 어느 두 개의 수를 선택해 더한 다음 남은 수와 더해도 결과가 같다는 의미이다.

따라서 세 수의 덧셈을 할 때 세 개의 수의 덧셈을 따로 정의할 필요 없이 두 수의 덧셈 정의와 결합법칙을 사용하면 세 수의 덧셈을 할 수 있다. 두 수의 덧셈과 결합법칙을 반복해 사용하면 여러 수의 덧셈도 할 수 있다. 결합법칙이 성립함을 보임으로써 세 수의 덧셈이나 여러 수의 덧셈 정의를 따로 할 필요가 없다.

그렇다면 결합법칙이 성립하지 않는 연산도 있을까? 물론 모든 연산이 결합법칙이 성립하는 것은 아니다. 덧셈과 곱셈은 결합법칙이 성립한다. 그러나 예

$$10-(5-3)=8 \neq 2=(10-5)-3$$
$$108 \div (9 \div 3)=36 \neq 4=(108 \div 9) \div 3$$

에서 보듯 뺄셈과 나눗셈은 결합법칙이 성립하지 않는다.

1.4 두 개의 연산이 만드는 분배법칙

결합법칙과 더불어 자주 배우는 법칙이 분배법칙이다. 먼저 분배법칙의 정의를 알아보자.

세 실수 a, b, c에 대하여
$$a(b+c)=ab+ac$$
가 성립한다. 이를 분배법칙이라고 한다. 분배법칙에는 어떤 의미가

있는지 알아보자.

분배법칙 $a(b+c)=ab+ac$에는 덧셈과 곱셈의 두 연산이 있다. 따라서 위 식의 분배법칙은 덧셈과 곱셈의 관계를 설명한 것이다. 분배법칙의 좌변은 두 수 b, c를 먼저 더한 다음 이 수에 a배를 했다는 의미다. 반면에 우변은 두 수 b, c 각각에 a배를 한 다음 이를 더했다는 의미다. 예를 들어보자.

$$5(4+3)=5\cdot4+5\cdot3$$

의 좌변은 곱셈의 정의에 따라

$$5(4+3)=(4+3)+(4+3)+(4+3)+(4+3)+(4+3)$$

이고 우변은

$$5\cdot4+5\cdot3=(4+4+4+4+4)+(3+3+3+3+3)$$

이다. 사실 곱셈은 덧셈으로부터 정의되었다. 따라서 분배법칙은 곱셈을 정의를 이용해 덧셈으로 표현하면 자연스레 성립함을 알 수 있다.

분배법칙 역시 항상 성립하는 것은 아니다. 곱셈과 덧셈의 정의는 서로 관계가 있으나 나눗셈과 덧셈의 정의는 관계가 없다. 따라서 나눗셈과 덧셈의 분배법칙은 성립하지 않는다. 다음 식을 살펴보자.

$$5\div(4+3)\neq5\div4+5\div3$$

일반적으로 분배법칙에는 두 연산이 있고 분배법칙이 성립함은 두 연산이 상호 잘 정의돼 있음을 이야기하고 있다.

1.5 역원, 결합법칙, 분배법칙으로 만드는 인공지능 로봇

앞서 방정식 $2x+4400=5000$을 풀 때 역원과 결합법칙 등을 사용했다. 때로는 방정식을 풀 때 분배법칙을 사용하기도 한다. 방정식 풀이가 익숙한 학생은 이런 법칙을 사용하지 않고 암산으로 문제를 풀 때가 더 편할 수도 있다. 그러나 암산으로 문제를 풀 때조차 이러한 법칙은 우리도 모르는 사이에 사용한다.

무심코 방정식을 풀어서 답을 찾기만 한다면 수학을 이용한 연구 개발은 하지 못할 것이다. 방정식을 풀기 위해 거꾸로 생각하기가 필요하고 이를 역원으로 실현할 수 있다는 것을 알아내면 방정식을 푸는 프로그램을 만들 수 있다. 원리를 알아내는 능력을 갖춰야 수학 천재의 자질이 있다고 할 수 있다. 원리를 찾는 것이 시험을 잘 보는 것보다 중요하다.

복잡한 일을 수행하는 인공지능 로봇의 기능을 살펴보면 기본적인 기능의 조합으로 구성되어 있다. 이는 아무리 복잡한 문제도 기본 개념의 조합으로 구성된 것과 마찬가지다. 원리를 모르고 수학 문제를 푼다는 것은 단순 노동을 하는 것이지, 학문을 하는 것이 아니다. 수학의 원리 하나하나는 산업의 씨앗이라고 할 수 있다.

2. 나도 알 수 있다고?

선분은 넓이가 0이라는데 선분이 움직여 생긴 면은 넓이가 있다. 0으로는 나눗셈을 할 수 없다고 한다. 이유도 모르고 학교에서 배운 건 이뿐만이 아니다. 인터넷을 찾아보아도 시원한 답을 찾을 수 없다. 궁금해도 알 방법이 없다 보니 알기를 포기하고 지낸다. 뭔가 굉장한 이유라도 숨어있는가 하는 생각이 들기도 하지만 여기 설명을 읽어보면 의외로 이해하기가 쉽다. 아래 설명을 읽어보면 아는 재미가 있다.

2.1 선분의 넓이가 0인 이유

불완전성 정리

한 꼬마와 초등학생의 대화이다.

꼬마 : "학교에 가서 뭐 해?"
초등학생 : "공부"
꼬마 : "공부가 뭔데"
초등학생 : "배우는 거야"
꼬마 : "그럼 배우는 게 뭐야?"
"…"

이 대화를 보면 아무리 초등학생이 대답을 잘해준다고 해도 꼬마의 질문에 완전한 답을 할 수 있을 것 같지 않다.

    수학에는 논리에 관한 불완전성 정리가 있다. 모든 모순이 없는 공리계는 참인 일부 명제를 증명할 수 없으며, 특히 스스로 무모순성을 증명할 수 없다는 정리가 불완전성 정리다. 위의 대화에서 꼬마가 만족한 대화로 끝나기 위해서는 꼬마가 설명 없이 받아들이는 단어가 있어야 한다. 그렇지 않다면 꼬마의 질문은 영원히 끝나지 않는다.

무정의 용어란 무엇인가?

    점이 움직여서 선이 만들어지고, 선이 움직여 면이 만들어진다. 과연 그럴까? 점은 길이가 0이라고 하는데 점이 움직여서 길이가 있는 선이 만들어진다면 이를 어떻게 설명해야 할까? 또 선이 움직여 면이 된다면서 넓이가 0인 선이 움직여서 어떻게 넓이가 있는 면이 될 수 있을까?

    점, 선, 면은 기하학 용어이다. 기하학에서 점, 선, 면은 정의하지 않는 무정의 용어이다. 따라서 점이 움직여 선이 된다는 설명은 옳지 않다. 마찬가지로 선이 움직여 면이 된다는 설명도 가능하지 않다. 선이 움직여 면이 된다는 것은 우리의 직관적 이해이다.

    어떤 영역이든 논리적 완전체를 가질 수 없다. 기하학 분야에서도 공유할 수 있는 인식을 출발점으로 정의하지 않고 시작한다. 이렇게 정의하지 않고 사용하는 용어를 무정의 용어라고 한다. 기하학에서는 점, 선, 면을 정의하지 않고 사용한다. 논리에 대한 불완전성이 점, 선, 면처럼 무정의 용어 사용의 정당성이다.

선분의 넓이는 왜 0일까?

선분의 넓이가 0일까? 그렇다. 이는 어렵지 않게 설명된다. 좌표 평면에서 y축 위에 길이가 1인 선분 I를 정의하고 I의 넓이가 0이 됨을 보이자. 선분 I와, 자연수 n에 대하여, 직사각형 A_n을

$$I=\{(x, y)\,|\,x=0,\ 0\leq y\leq 1\}$$
$$A_n=\left\{(x, y)\,\Big|\,-\frac{1}{2n}\leq x\leq\frac{1}{2n},\ 0\leq y\leq 1\right\}$$

로 정의하자.

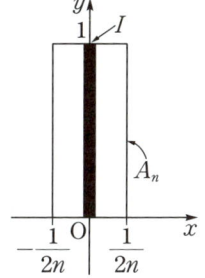

선분 I의 넓이를 a라고 하자. A_n은 밑변의 길이가 $\dfrac{1}{n}$이고 높이가 1인 직사각형이므로 넓이가 $\dfrac{1}{n}$이다.

이때 선분 I는 직사각형 A_n의 부분집합이므로, 모든 자연수 n에 대하여 넓이의 대소 관계

$$0\leq a\leq\frac{1}{n}$$

이 성립한다. 그런데 $\lim\limits_{n\to\infty}\dfrac{1}{n}=0$이므로

$$0\leq a\leq\lim_{n\to\infty}\frac{1}{n}=0$$

이다. 따라서 선분 I의 넓이는 $a=0$이다. 선분 I의 길이 1은 이 증명에서 특별한 의미가 없다. 일반적으로 선분은 그 길이와 관계없이 넓이가 0이다.

2.2 0으로 나눗셈을 할 수 없는 이유가 뭘까?

나눗셈을 배울 때 0으로 나눌 수 없다고 단단히 주의받았다. 딱 거기까지였다. 왜 0으로 나눌 수 없는지 묻고 싶었지만 언제나 그렇듯 질문을 꺼내지 못하고 담아 두었다. 이제 그 답을 스스로 구해 보자.

왜 0으로 나눗셈을 할 수 없나?

0으로 나눗셈을 할 수 없는 이유는 곱셈에서 0의 역할 때문이다. 어떤 실수든 0을 곱하면 0이 된다. 이 사실 때문에 0으로 나눗셈을 할 수가 없다. 잠깐! 진짜 어떤 실수든 0을 곱하면 0이 될까? 먼저 임의의 실수에 0을 곱하면 0이 됨을 보이자.

임의의 실수 a에 대하여 $a \cdot 0 = 0$임을 보이자.
$$a \cdot 0 = a \cdot (0+0)$$
이다. 분배법칙을 사용하면
$$a \cdot 0 = a \cdot 0 + a \cdot 0$$
이다. 이 식의 양변에서 $a \cdot 0$을 빼면
$$a \cdot 0 = 0$$
을 얻는다.

그러므로 어떤 실수든 0을 곱하면 0이 된다. 이 사실이 나눗셈에서 0으로 나눌 수 없는 이유와 밀접한 관계가 있다.

나눗셈은 곱셈의 역연산이다.

모두 알고 있는 사실이지만 나눗셈에 대해 다시 살펴보자. 나눗셈은 곱셈과 반대되는 연산이다. 예를 들어 2에 3을 곱하면 6을 얻는다. 즉,

$$2 \cdot 3 = 6$$

이다. 반대로 곱셈의 결과 6을 3으로 나누면 원래의 수 2를 얻는다. 즉,

$$6 \div 3 = 2$$

이다. 이런 성질은 2일 때만 성립하는 것이 아니다. 다른 수도 성립함을 쉽게 확인할 수 있다. 곱한 결과를 곱한 수로 나누면 원래의 수로 다시 돌아간다. 모든 수에 대하여 성립하는 것은 아니다. 문제가 되는 수가 0이다.

$$2 \cdot 3 = 6 \quad \rightarrow \quad 6 \div 3 = 2$$
$$3 \cdot 3 = 9 \quad \rightarrow \quad 9 \div 3 = 3$$
$$4 \cdot 3 = 12 \quad \rightarrow \quad 12 \div 3 = 4$$
$$5 \cdot 3 = 15 \quad \rightarrow \quad 15 \div 3 = 5$$
$$6 \cdot 3 = 18 \quad \rightarrow \quad 18 \div 3 = 6$$
$$\vdots \qquad\qquad\qquad \vdots$$

0으로 곱하면 사정이 다르다.

$$2 \cdot 0 = 0$$
$$3 \cdot 0 = 0$$
$$4 \cdot 0 = 0$$
$$5 \cdot 0 = 0$$
$$6 \cdot 0 = 0$$
$$\vdots$$

어떤 수든 그 수에 0을 곱하면 모두 0이 된다. 그 결과를 0으로 나누면 거꾸로 대응하는 수는 하나로 결정되지 않는다. 따라서 0으로 나누는 나눗셈은 정의할 수 없다.

0으로 나눌 수 있다고 하면 어떤 현상이 일어나는지 살펴보자. 자연수 6을 0이 아닌 어떤 수로 나누고 다시 그 수를 곱하면 처음의 수 6이 나온다. 예를 들어보자.

$$(6 \div 3) \times 3 = \frac{6}{3} \cdot 3 = 6$$

물론 6을 3으로 나누고 다시 3으로 곱할 때만 결과가 6이 되는 것은 아니다. 같은 이치로 자연수 6을 0으로 나눌 수 있다고 한다면, 6을 0으로 나누고 다시 0을 곱하면 처음의 6이어야 한다.

6을 0으로 나눈 결과가 하나로 결정된다고 하고 그 수를 k라고 하자. 그 결과에 다시 0을 곱하자. 이를 식으로 나타내어 보자. 만일

$$6 \div 0 = k$$

이라고 하자. 그러면

$$(6 \div 0) \times 0 = k \times 0$$

이다. 이식의 좌변을 6이라고 하면 우변은 0이므로

$$6 = 0$$

이라는 모순된 결과를 얻는다.

경우 2.

$$3 \cdot 0 = 7 \cdot 0$$

이다. 0으로 나눌 수 있다고 하자. 양변을 0으로 나누고

$$\frac{3 \cdot \cancel{0}}{\cancel{0}} = \frac{7 \cdot \cancel{0}}{\cancel{0}}$$

약분하면

$$3=7$$

인 잘못된 결과를 얻는다.

나눗셈은 곱셈의 역연산이다. 어떤 수든 그 수에 0을 곱하면 그 결과가 모두 같다. 그러므로 역으로 어떤 수를 0으로 나누면 그 값을 하나로 결정할 수가 없다. 0으로 나누는 나눗셈은 정의할 수 없다.

2.3 최솟값이 존재하지 않는 이유

고등학교 수학에서 최솟값과 최댓값 구하기를 중요하게 다룬다. 최솟값과 최댓값 구하기는 수학뿐만 아니라 모든 분야에서 매우 중요한 문제라는 것은 개인이든 기업이든 비용의 최소화와 이익의 최대화를 근본적으로 추구하는 것을 보아도 이해할 수 있다. 고등학교에서 배울 때 최솟값과 최댓값이 존재하면 그 값을 구한다. 그런데 최솟값과 최댓값이 존재하지 않으면 그냥 넘어간다.

해가 존재하고 그 값을 찾으면 문제는 해결된다. 그걸로 끝이다. 그런데 해가 존재하지 않는다면 생각할 일은 열려있다. 왜 존재하지 않는지, 존재하지 않는다면 최상의 선택은 무엇인지 궁금하다. 고등학교 수학에서 최솟값과 최댓값이 존재하지 않는 경우 그 이유를 살펴보자.

열린 구간에서 함수의 최솟값과 최댓값은 왜 존재하지 않나?

열린 구간 $(0, 2)=\{x|0<x<2\}$에서 정의된 함수 $f(x)=x^2$은 최

댓값과 최솟값을 갖지 않는다. 왜일까? 이는 열린 구간의 성질 때문이다. 열린 구간은 어떤 성질을 갖는지 알아보자.

열린 구간의 양 끝점은 없다.

열린 구간의 양 끝점이 없다는 성질로부터 최댓값과 최솟값이 존재하지 않는 사실을 증명할 수 있다. 만일 열린 구간 (0, 2)이 양 끝점을 갖는다고 하자. 이 끝점은 각각 이 구간의 최솟값과 최댓값이 돼야 한다. 한번 살펴보자.

열린 구간 (0, 2)=$\{x|0<x<2\}$의 최솟값이 존재한다고 가정하면 그 값은 0보다 크다. 그 값의 반값 역시 0보다 크므로 이 구간의 값이다. 그런데 이 반값은 처음 정한 최솟값보다 작아서 처음 값이 최솟값이라는 가정과 모순된다. 그러므로 열린 구간 (0, 2)의 최솟값은 존재하지 않는다. 이를 부등식을 이용해 엄밀하게 증명하자.

이 구간 (0, 2)의 최솟값을 m이라고 가정하자. 따라서
$0<m<2$

을 만족해야 하고 또 m은 구간 (0, 2)의 원소이다. m이 이 구간 (0, 2)의 최솟값이므로 이 구간에는 m보다 작은 원소는 없어야 한다. 그런데 $\frac{m}{2}$은 m보다 작다. 그리고 $0<\frac{m}{2}<2$이므로 $\frac{m}{2}$은 구간 (0, 2)의 원소이다. 그러므로 m이 구간 (0, 2)의 최솟값이라는 가정은 모순이다. 그러므로 열린 구간 (0, 2)의 최솟값은 존재하지

않는다.

같은 논리로 열린 구간 (0, 2)는 최댓값을 갖지 못한다는 사실을 증명할 수 있다. 만일 열린 구간 (0, 2)가 최댓값을 갖는다고 하자. 이제 최댓값과 2 사이의 값은 구간 (0, 2)의 원소이면서 앞서 선택한 최댓값보다 크므로 모순이다. 따라서 열린 구간 (0, 2)의 최댓값은 존재하지 않는다. 부등식을 이용해 증명해 보자.

열린 구간 (2, 0)=$\{x|0<x<2\}$의 최댓값을 M이라고 가정하면 하면

$$0<M<2$$

이다. 이때 M과 2의 중간값 $\dfrac{M+2}{2}$는

$$0<\dfrac{M+2}{2}<2$$

이므로 열린 구간 (0, 2)의 원소이다. 그런데

$$M=\dfrac{M+M}{2}<\dfrac{M+2}{2}$$

이므로 $\dfrac{M+2}{2}$는 M보다 크고 2보다 작으므로 열린 구간 (0, 2)의 원소이다. 따라서 M이 열린 구간 (0, 2)의 최댓값이라는 가정과 모순이다. 그러므로 열린 구간 (0, 2)는 최댓값을 갖지 못한다.

열린 구간에서 정의된 함수의 최댓값과 최솟값

열린 구간 $(0, 2)=\{x|0<x<2\}$에서 정의된 함수 $f(x)=x^2$의 최댓값과 최솟값이 존재하지 않는 이유를 알아보자.

만일 열린 구간 $(0, 2)=\{x|0<x<2\}$에서 정의된 함수 $f(x)=x^2$가 구간 $(0, 2)$의 점 k에서 최솟값 $f(x)=k^2$을 갖는다고 가정하자. 그런데 k가 구간 $(0, 2)$의 점이면 $\frac{k}{2}$ 역시 구간 $(0, 2)$의 점이다. 점 $\frac{k}{2}$에서 함수 $f(x)=x^2$의 함숫값

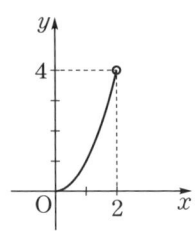

은 $f\left(\frac{k}{2}\right)=\frac{k^2}{4}$이고 이는 함수 $f(x)=x^2$의 구간 $(0, 2)$에서 최솟값이라고 가정한 k^2보다 작다. 따라서 함수 $f(x)=x^2$가 구간 $(0, 2)$의 점 k에서 최솟값 $f(k)=k^2$을 갖는다는 가정은 모순이다. 그러므로 열린 구간 $(0, 2)=\{x|0<x<2\}$에서 정의된 함수 $f(x)=x^2$의 최솟값은 존재하지 않는다.

같은 논리로 열린 구간 $(0, 2)$에서 정의된 함수 $f(x)=x^2$의 최댓값은 존재하지 않는다. 만일 열린 구간 $(0, 2)=\{x|0<x<2\}$에서 정의된 함수 $f(x)=x^2$이 구간 $(0, 2)$의 점 p에서 최댓값 $f(p)=p^2$을 갖는다고 가정하자. 그런데 p가 구간 $(0, 2)$의 점이면 $\frac{p+2}{2}$ 역시 $(0, 2)$의 점이다. 점 $\frac{p+2}{2}$에서 함수 $f(x)=x^2$의 함숫값은 $f\left(\frac{p+2}{2}\right)=\left(\frac{p+2}{2}\right)^2$이다. 그런데

$$f\left(\frac{p+2}{2}\right)-f(p)=\left(\frac{p+2}{2}\right)^2-p^2$$
$$=\left(\frac{p+2}{2}+p\right)\left(\frac{p+2}{2}-p\right)$$

이고

$$\left(\frac{p+2}{2}+p\right)>0, \left(\frac{p+2}{2}-p\right)>0$$

이므로

$$f\left(\frac{p+2}{2}\right)=\left(\frac{p+2}{2}\right)^2>f(p)=p^2$$

이다. 그러므로 함숫값 $f\left(\frac{p+2}{2}\right)=\left(\frac{p+2}{2}\right)^2$ 은 함수 $f(x)=x^2$의 구간 (0, 2)에서 최댓값이라고 가정한 p^2보다 크다. 따라서 함수 $f(x)=x^2$가 구간 (0, 2)의 점 p에서 최댓값 $f(p)=p^2$을 갖는다는 가정은 모순이다. 그러므로 열린 구간 (0, 2)에서 정의된 함수 $f(x)=x^2$의 최댓값은 존재하지 않는다.

함수의 정의역을 바꿔 열린 구간 (−2, 2)서 정의된 함수 $f(x)=x^2$의 최댓값은 존재하지 않지만 최솟값은 $f(0)=0$이다. 최솟값은 존재한다.

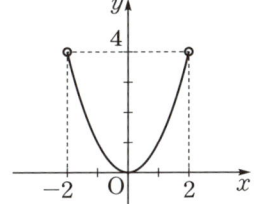

2.4 지수 함수의 밑수가 음수면 무슨 일이 생길까?

자연현상이나 사회현상에서 변화에 관한 자료를 나타낼 때, 지수 함수를 사용해 표현한다. 고등학생 때 배우는 지수 함수는 $y=a^x$ 꼴로 표현되는데, 이 식에 $a>0$, $a \neq 1$의 조건이 설명 없이 추가된다. 이 조건들은 꼭 필요한가?

지수 함수의 정의

임의의 실수 x에 대하여
$$y=a^x \, (a>0, \, a \neq 1)$$
을 a를 밑수로 하는 지수 함수라고 정의한다. 여기서 a는 고정된 실수이다.

참고1 만일 $a=1$이면 모든 실수 x에 대하여 $1^x=1$이 돼 $y=1^x=1$이 므로 상수함수가 되어 의미가 없게 된다. 따라서 밑수 $a=1$인 경우는 지수 함수에서 제외한다.

참고2 x는 실수이므로 밑수 a가 음수이면 a^x가 정의되지 않는다. 예를 들어 $a=-8$이고 $x=\dfrac{1}{3}$이면
$$(-8)^{\frac{1}{3}} = \{(-2)^3\}^{\frac{1}{3}} = (-2)^{3 \times \frac{1}{3}} = (-2)^1 = -2$$
이다. 한편
$$(-8)^{\frac{1}{3}} = (-8)^{\frac{2}{6}} = (-8)^{2 \times \frac{1}{6}} = \{(-8)^2\}^{\frac{1}{6}}$$
$$= 64^{\frac{1}{6}} = 2^{6 \times \frac{1}{6}} = 2^1 = 2$$
가 돼 $2=-2$라는 모순을 얻게 된다. 따라서 지수 함수에서 $a>0$인 밑수 조건은 필요하다.

따라서 지수 함수 $y=a^x$의 밑수 a에 대한 두 조건 $a>0$,

$a \neq 1$는 필요한 조건이다.

주의 $(-8)^{\frac{1}{3}}$는 정의되지 않지만 $\sqrt[3]{-8} = -2$이다.
그러므로 $a^{\frac{1}{n}} = \sqrt[n]{a}$로 정의하는 것은 오로지 $a > 0$일 때 만이다.
$\sqrt[3]{-8}$은 세제곱 하여 -8이 되는 실수 -2이다.

2.5 왜 공집합이 모든 집합의 부분집합일까?

일상생활에서 이야기를 주고받다 보면, 말이 되는 대화여야 이야기가 이어진다. 한순간 말이 되지 않으면 그 이후의 대화는 의미가 없다. 수학도 마찬가지다. 집합 공부를 시작하고 얼마 되지 않아 '공집합은 모든 집합의 부분집합이다.'라고 한다. 아무 설명도 없이, 그렇다고 하고는 그냥 넘어간다.

만일 이 이야기가 틀렸다면 이 이후에 배우는 집합 공부는 헛공부가 된다. 왜 공집합이 모든 집합의 부분집합인지 알아볼 필요가 있다. 공집합이 모든 집합에 부분집합이 됨을 따져보는 것은 간단한 논리다. 그런데 이 논리는 일상에서 매우 유용하게 쓰인다. 공집합이 모든 집합에 부분집합임을 따져보고 여기에 사용한 논리도 일상에서 활용하자.

"공집합은 모든 집합의 부분집합이다."를 논리적으로 살펴보자.

집합 A의 모든 원소가 집합 B의 원소일 때, 집합 A는 집합 B의 부분집합이라고 한다. 집합 A가 집합 B의 부분집합일 때 이를

기호로
$$A \subset B$$
로 나타낸다.

$A \subset B$라는 것은 '집합 A에 원소가 있다면 그 원소는 모두 집합 B에 속해야 한다.'라는 조건문으로 생각할 수 있다. 증명에도 필요한 조건문의 참과 거짓을 살펴보자. 조건문은 일상에서도 매우 유용하다.

조건 또는 명제(문장)가 참일 때 T(True)로, 거짓일 때를 F(False)로 나타내고 이를 '진릿값'이라고 한다. 진릿값을 표로 나타낸 것을 진리표라고 한다. 약속할 때 자주 쓰이는 논리를 예를 들어 진리표를 작성해 보자.

엄마가 중학생 딸에게 "학급에서 5등 이내에 들면 스마트 폰을 사 줄게."라고 약속을 했다고 하자. 이 문장에서

가정(조건) '딸이 학급에서 5등 이내에 들다.'를 p로
결론 '엄마가 딸에게 스마트 폰을 사 준다.'를 q로

나타내자. 따라서 "학급에서 5등 이내에 들면 스마트 폰을 사 줄게."라는 문장을 기호로 나타내면
$$p \to q$$
이다. 화살표는 '이면'을 의미한다. 이때 문장 $p \to q$의 참과 거짓을 살펴보자.

먼저 딸이 학급에서 5등 이내에 들었을 경우
(1) 엄마가 딸에게 스마트 폰을 사 주었을 경우 엄마는 약속을 지켰다.

이 경우 명제는 참이므로 진릿값은 T이다.
(2) 엄마가 딸에게 스마트 폰을 사 주지 않았을 경우 엄마는 약속을 지키지 않았다. 이 경우 명제는 거짓이므로 진릿값은 F이다.

이번에는 딸이 학급에서 5등 이내에 들지 못했을 경우
(3) 엄마가 딸에게 스마트 폰을 사 주었다 해도 약속을 어겼다고 할 수는 없다. 따라서 이 명제는 참이므로 진릿값은 T이다.
(4) 엄마가 딸에게 스마트 폰을 사 주지 않았을 경우 약속을 어겼다고 할 수는 없다. 따라서 이 명제는 참이므로 진릿값은 T이다.

즉 (3), (4)의 경우는 5등 이내에 들지 못했을 때 대한 약속이 없었으므로 엄마가 어떤 행동을 하든지 약속을 어기지는 않았다. 이 전체의 경우를 진리표로 나타나면 다음과 같다.

p	q	$p \to q$
T	T	T
T	F	F
F	T	T
F	F	T

다시 부분집합 $A \subset B$로 돌아가자. 조건 p를 'x가 집합 A의 원소이다.', 조건 q를 'x가 B집합 의 원소이다.'라고 하면 $A \subset B$는 $p \to q$가 참이라는 뜻이다.

이제 임의의 집합 S에 대하여 $\varnothing \subset S$임을 진리표의 논리를 이용해 살펴보자. $\varnothing \subset S$에서는 $\varnothing$의 원소가 있다면 이 원소는 집합 S의 원소라야 한다. 그런데 $\varnothing$에는 원소가 없으므로, 이 경우 p는 F이다. 따라서 q의 참 또는 거짓과 상관없이 $p \to q$는 위의 진리표에서 세 번째 또는 네 번째 경우로 진릿값이 T인 경우이다.

한 예로 공집합 $\emptyset$의 원소가 없으므로 $\emptyset$에 속하는 모든 원소는 집합 $\{0, 5\}$에 속한다는 사실은 참이다. 그러므로 $\emptyset \subset \{0, 5\}$이다. 따라서 $\emptyset$은 모든 집합의 부분집합이다.

그런 거였어?

1. 누가 만들었을까?

1.1 함수는 왜 배울까?

수학을 싫어하는 사람 중에 많은 사람이 "함수만 없었어도 학창 시절 고생을 덜 했을 거야"라고 이야기한다. 과연 그럴까? 일상생활은 함수와 관련이 없어 보인다. 하지만 함수가 없다면 우리가 매일 사용하는 전자 제품 프로그램을 설계조차 할 수 없을 것이다.

만일 길 가던 한 노신사가 독자에게 "도대체 함수가 뭐예요?"라고 묻는다면 뭐라 답할 수 있을까? 왜 우리는 함수를 그토록 많은 시간을 투자해서 공부하고도 노신사에게 시원하게 답하지 못할까? 함수가 무엇이고 왜 배워야 하는지는 설명은 간단하지 않다. 그렇다고 함수가 지금처럼 무의미하게 남아있는 건 더더욱 싫다.

함수의 발달과정을 알면 왜 배우게 되는지 이유가 보여

함수를 왜 배울까? 답은 간단하지 않다. 우리는 중·고등학생 시절 함수를 오랫동안 공부했지만 정작 함수가 무엇이냐고 묻는다면 명쾌하게 답할 수 있을까? 함수를 왜 배우는지 알기 위해서는 함수에 대한 정확한 이해가 필수다.

함수의 개념은 한사람에 의해 정의된 것이 아니다. 수학의 다른 영역처럼 여러 수학자에 의해 오랜 기간 발전을 거듭해 오늘날의 정의에 이르렀다. 함수의 발전 과정을 알면 함수를 배우는 이유를 알 수 있다.

함수의 개념이 발전하는 과정은 수학의 다른 영역의 발전 과정과 비슷하다. 초기에는 구체적인 낱낱의 함수 연구가 이루어진다. 처음 함수의 개념은 삼각함수로부터 시작한다. 1596년 레티구스는 라틴어로 된 저서 〈Opus Palatinum de triangulis〉에 삼각함수표를 정리해 발표했는데, 그 수준이 지금의 함수 개념이라기보다 단지 삼각함수의 값을 표로 정리한 정도였다.

함수에 좌표 평면 도입

함수의 발전 과정 중 결정적 단계 중 하나가 그래프의 사용이다. 함수의 그래프를 그릴 때 사용하는 직교좌표 평면을 처음 소개한 수학자가 데카르트였다는 것은 잘 알려진 사실이다. 이는 매우 중요한 발전이다. 식으로 표현되던 방정식에 함수를 도입하고 이를 다시 그래프로 나타낸 것이다. 그래프의 가장 큰 장점은 식을 시각화해서 눈으로 볼 수 있도록 표현했다는 것이다. 방정식의 해를 구하고자 할 때 식을 대수적으로 푸는 대신 함수 그래프에서 x축과의 교점을 눈으로 보고 좌 푯값을 구하면 된다.

데카르트 좌표계는 기하학적 문제를 대수학적 문제로 또 대수학적 문제를 기하학적 문제로 바꾸는 것을 가능케 하였다. 데카르트를 향하여 공간에 좌표를 도입해서 기하학적 상상을 막은 인물로 평가하는 기하학자들도 있었다.

함수라는 용어의 등장

오늘날 사용하는 용어 함수의 영어 표현인 function을 1673년 라이프니츠가 처음 사용했다. 하지만 라이프니츠의 function은 오늘날의 함수 개념이 아니고 곡선 위의 점에 따라 변화하는 값으로 정의했다. 따라서 라이프니츠의 이 시기 function은 오늘날 일반적인 함수 개념 중 특별한 경우이다. 라이프니츠는 1714년 그의 라틴어 저서 〈historia〉에서 함수를 변수에 의존하는 값으로 정의해 오늘날의 함수 개념에 매우 가깝게 발전시켰다. 라이프니츠는 미분 가능한 함수만을 다루었다.

함수를 공부할 때 사용하는 기호 $f(x)$는 1734년 오일러가 처음 사용했다. $f(x)$는 변수 x가 주어지면 함숫값 $f(x)$가 대응하는 함수의 개념을 기호로 나타낸 것이다. 이때까지도 함수는 식으로 표현되는 것으로 대상이 제한적이었다. 1797년에 이르러 프랑스 수학자 라크루아는 그의 불어로 된 저서 〈Traité du Calcul Différentiel et du Calcul Intégral〉에서 수식으로 표현될 필요가 없는, 이전보다 확장된 함수의 개념을 도입했다.

독일 수학자 디리클레는 그의 독일어로 된 논문 〈Ober die Darstellung ganz willkurlicher Functionen durch Sinus-und Cosinusreihen〉에서 x의 함수라는 것을 주어진 구간에서의 임의의 x의 값에 y의 유일한 값이 대응하는 것으로 정의했다. 이때 y가 x에 따라 어떤 법칙을 통해 결정되거나, 수학 공식으로 표현될 필요는 없다고 설명했다. 이는 오늘날에도 사용되는 함수의 정의와 같은 개념이다.

오늘날 함수의 정의

오늘날 함수는 칸토어의 집합 이론을 이용해 정의했다. 함수의 발달과정을 살펴보면 초기에는 함수 정의의 대상이 삼각함수처럼 구체적이고 한 가지 함수만을 대상으로 했다. 미분 가능한 함수만을 다루기도 했고 점차 그 대상이 다양해진다. 오늘날에는 그 각각의 함수 모두에 적용할 수 있는 추상적인 함수의 개념이 정립되었다. 함수도 수학의 다른 영역처럼 구체적인 대상의 연구로 시작해 각각의 구체적인 모든 대상에 적용할 수 있는 가장 간단하고 함축적인 추상적 정의에 이른다.

함수(function)란 무엇일까? 물론 정확한 답은 아니지만 대충 이야기한다면 대응(correspondence)이다. 그렇다면 무엇들 사이의 대응이 함수인가? 함수는 두 집합의 원소들 사이의 대응, 조금 더 정확하게 설명하면 한 집합의 원소들로부터 또 다른 집합의 원소로 대응이다. 물론 두 집합의 원소들 사이의 모든 대응이 함수가 되지는 않는다. 어떤 대응이라야 함수인가? 다음의 함수 정의를 살펴보자.

정의 (함수)

두 집합 X, Y에 대해, 집합 X의 모든 원소 각각의 x에 집합 Y의 원소 y가 하나씩 대응할 때 이 대응을 X에서 Y로의 함수라고 한다.

이때 이러한 대응, 즉 함수를 흔히 f로 표시하며, 기호로
$$f : X \to Y$$
로 표현한다.

x에 대응하는 원소를 y라 할 때 이 대응을 기호로
$$y = f(x)$$
또는
$$x \to y$$
또는
$$x \to f(x)$$
또는

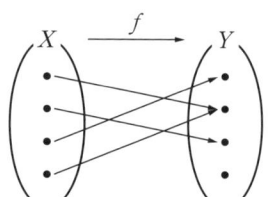

$$(x, y), (x, f(x))$$

등으로 나타낸다. 이때 집합 X의 원소 x를 변수(variable) 또는 독립변수라고 하고 변수 x에 대응하는 y, 즉 $f(x)$를 x에 대한 함수 f의 함숫값이라고 한다.

$f : X \to Y$가 함수일 때, 집합 X를 함수 f의 정의역(domain), 집합 Y를 f의 공역(codomain)이라고 한다. 정의역의 원소에 대응하는 함숫값 전체의 집합 $\{f(x) | x \in X\}$을 f의 치역(range)이라고 하고, 치역을 $f(X)$로 나타내기도 한다. 따라서 치역 $f(X)$는 공역 Y의 부분집합이다. 또 공역 Y의 원소 y를 종속변수라고도 한다.

함수를 왜 배울까?

함수를 배우면서 왜 배워야 하는지 설명을 듣지 못했다. 왜 함수를 배울까? 물론 필요해서 배운다. 함수가 어디에 필요한지 설명을 간단하게 하기는 쉽지 않다. 일상에서 일어나는 일을 살펴보면 왜 함수가 수학에서 그토록 큰 비중을 차지하게 되었는지를 이해하는 데 도움이 될 수도 있다.

한 사건이 일어났다고 하자. 이때 가장 궁금해하는 것은 원인과 결과이다. 왜 일어났고 그래서 어떻게 되었나가 궁금하다. 한가지 원인에 한가지 결과가 대응하면 이 대응을 함수로 생각할 수 있다. 원인이 정의역의 원소인 변수이고, 결과가 변수에 대응하는 함숫값이다.

초기 함수에서는 관찰이나 계산의 결과를 표로 만들었다. 삼각함수에서 각이 얼마이면 이때의 사인값이 얼마인가 하는 것이다. 이때는 각과 값 사이의 대응이다. 행성의 위치를 관찰해 표로 만들었는데 이때는 시각과 위치의 대응이다. 예를 들어 한 의사가 신약을 개발해 임상 시험을 한다고 하자. 이 경우 의사는 여러 가지 함수를 다루게 된다. 약의 투여량과 효과의 대응을 함수로 생각할 수 있다. 또 같은 양을 투여했을 때 환자의 체중과 효과의 관계를 함수로 생각할 수도 있다.

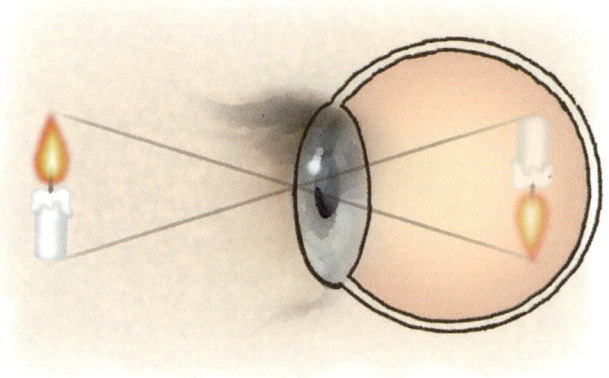

사람은 눈을 통해 사물을 인식하는데 이 역시 함수로 생각할 수 있다. 사물 하나를 바라보면 눈을 통해 망막에 상(image) 하나 맺는 대응 역시 함수이다. 생각해보면 우리가 지금까지 알고 있는 모든 연구 과정이 함수를 찾는 과정이라고 할 수도 있다. 일상생활에서 일어나는 사건에는 원인과 결과의 대응인 함수가 숨어있다. 따라서 사건에서 원인을 정의역의 원소인 변수로 그에 대응하는 결과를 함숫값으로 생각하면 세상에 모든 행위를 함수로 변환해 생각할 수 있다.

비정상 현상이면 함수가 아니다

왜 정의역의 원소에 공역의 원소가 단 하나만 대응해야 함수라고 할까? 눈을 통해 사물을 인식하는 현상을 함수로 생각해보면 하나의 사물을 보면 망막에 사물의 상이 하나만 맺힌다. 만일 하나의 사물을 보았을 때 망막에 두 개의 상이 맺힌다면 우리는 사물을 제대로 인식할 수 없다. 이 경우는 함수가 아니다. 함수를 설명하는데 음료수 자판기를 예로 들기도 한다. 자판기에 돈을 넣고 버튼 하나를 누르면 한 개의 상품이 나와야 하는데 만일 두 개의 상품이 나오면 자판기가 고장 난 것으로 함수가 아니다.

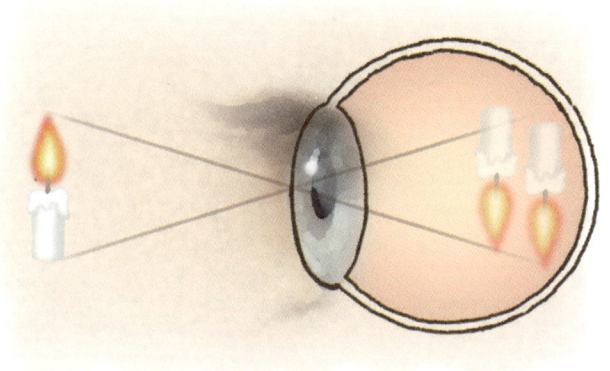

함수로 표현되지 못하는 연구도 있을까?

방금 함수로 표현되지 못하는 현상은 비정상임을 살펴보았다. 이는 어디까지나 함수를 정상이라는 기준으로 생각하기 때문이다. 그런데 자연에는 함수로 표현되지 못하는 현상이 있다. 전자의 움직임과 위치에서 관찰된 불확정성 원리라고 불리는 현상이다. 양자역학에 의하면 전자의 위치는 단순한 수가 아니고 연산자인 양이어서 실수 함수로 나타낼 수 없다. 하이젠베르크가 발표한 양자역학의 불확정성 원리 내용 설명은 생략한다.

불확정성 원리가 함수로 표현되지 않기에 이 연구를 위해서는 새로운 수학 개념이 필요하게 된다. 이런 이유로 탄생한 분야가 작용소(operator)다. 물리학에서는 연산자라고 부르는데 수학에서는 작용소라고 한다. 작용소 이론 역시 시작은 함수로 한다. 작용소 이론은 수학에서 함수해석학 영역으로 분류하고 있다. 작용소 이론 역시 설명은 생략한다.

1.2 함수의 그래프가 주는 정보

수학 공부를 하다 보면 어려움을 주는 여러 주제가 있다. 적지 않은 학생에게 함수의 그래프도 그중 하나이다. 그런데 함수의 그래프 때문에 수학이 어렵다고 느꼈다면 무언가 잘못된 것이다. 함수의 그래프는 함수를 쉽게 이해하고 해석하고 다루기 위해서 배우는데 그래프가 어려움을 준다면 함수의 그래프를 배우는 목적이 무색하다.

함수의 그래프는 함수를 좌표 평면에 시각화해 나타낸 그림이다.

이를 도형에 비유해서 설명해보자. 평행사변형은 두 쌍의 마주 보는 변이 평행한 사각형이다. 평행사변형의 시각화는 평면에 그린 평행사변형 그림이 된다. 평행사변형에 관한 설명이나 문제를 풀 때 평행사변형을 그려놓고 설명을 그림을 따라가면서 이해하면 훨씬 쉽다. 함수의 그래프를 이용하면 어렵던 함수가 쉬워져야 정상이다.

함수를 시각화한다는 것은 무엇인가? 앞서 설명처럼 함수는 대충 이야기하면 대응이다. 그런데 중학교나 고등학교에서 배우는 함수에서 대응은 대게 식으로 표현된다. 일차함수, 이차함수, 삼차함수, 유리함수, 무리함수, 지수 함수, 로그함수, 삼각함수 등 모두 식으로 표현되는데 이 식이 대응을 표현한 것이다. 함수를 그래프로 시각화한다는 것은 이 식이 의미하는 대응을 좌표 평면에 그린다는 것을 의미한다.

함수의 시각화가 주는 장점을 알아보자.

일차함수는
$$y=ax+b,\ a\neq 0$$
라는 식으로 표현된다. 이를 시각화한 그래프는 직선이 된다. 일차함수의 그래프인 직선은 기울기와 y절편으로 특징되는데 이는 일차함수의 식 $y=ax+b$의 a와 b를 결정한다. 일차함수의 식 $y=ax+b$을 보고 정보를 얻는 것과 그래프를 눈으로 보고 얻는 정보가 같다. 일차함수처럼 간단한 경우는 식과 그래프가 주는 정보의 어려운 정도 차이가 작다. 그러나 이차함수나 다른 함수들은 식으로 표현된 함수가 주는 정보를 알기 어렵다. 함수를 시각화한 그래프에서 정보 찾기가 상대적으로 쉽다.

그래프를 공부할 때 어떤 점에 주목해야 하나?

이차함수를 예로 들어보자. 이차함수는

$$y=ax^2+bx+c,\ a\neq 0$$

라는 식으로 표현된다. 따라서 이차함수는 세 개의 상수 a, b와 c에 의하여 결정된다. 이차함수의 그래프는 그래프가 벌어진 방향과 폭, 대칭축, 꼭짓점, x절편, y절편 등의 정보를 시각적으로 쉽게 관찰할 수 있다. 이런 정보와 세 개의 상수 a, b, c가 어떤 관계가 되는지 이해가 필요하다. 여기까지 이해했으면 이차함수를 이해한 것이다. 이제 이차함수의 활용은 정보 파악이 어려운 식보다 쉬운 시각화 된 그래프를 이용하면 된다.

함수에서 주 관심은 변수 x에 변화에 따른 y의 변화를 살피는 것이다. 함수의 그래프에서는 이 변화를 눈으로 볼 수 있다. 수학을 공부할 때 식이나 문장이 어려우면 이를 종이나 그래픽 계산기에 그려가면서 도움을 받으면 쉽게 이해될 때가 자주 있다. 함수와 함수의 그래프의 관계를 이해하고 그래프를 이용해 함수를 쉽게 이해하길 바란다.

1.3 내적과 디지털

오늘날 핸드폰이나 컴퓨터를 사용하지 않는 사람은 거의 없다. 핸드폰으로 SNS를 하고 동영상을 주고받는다. 이 과정에서 우리도 모르는 사이에 고등학교에서 배우는 삼각함수와 내적이 사용된다.

고등학교까지 많은 영역의 수학을 배운다. 어디에 활용되는지 어느 정도 알 수 있는 영역도 있고 그렇지 못한 영역도 있다. 고등학교까지는 상대적으로 매우 초보적인 수학만을 배우기 때문에 배운 내용이 생활 속에 어떻게 활용되는지 알기에는 한계가 있다. 이 단원에서는 고등학교에서 배운 수학 중 가장 활용성이 없어 보이는 개념 중 하나인 내적을 선택하여 내적이 힘과 일을 어떻게 표현하는지 알아보자. 또 동영상 송신에서 내적이 이론적으로 어떤 역할을 하는지 설명한다.

벡터의 내적은 영어로 Inner Product, Scalar Product, Dot Product의 세 가지 이름이 있다. 이는 내적을 어떤 관점에 의미를 두고 부르냐에 따라서 불리는 이름이 다른 것이다. 벡터의 내적 정의는 책의 저자에 따라 다르다.

벡터 내적의 정의

영벡터가 아닌 두 벡터 $\vec{a}, \vec{b}$ 사이의 각의 크기가 θ일 때
$$|\vec{a}||\vec{b}|\cos\theta$$
를 $\vec{a}$와 $\vec{b}$의 내적으로 정의한다. 여기서 $|\vec{a}|$는 벡터 $\vec{a}$의 크기다. 이때 $\vec{a}$와 $\vec{b}$의 내적을 기호로
$$\vec{a}\cdot\vec{b}$$
또는
$$\langle\vec{a}, \vec{b}\rangle$$
등으로 나타낸다. 즉
$$\vec{a}\cdot\vec{b}=|\vec{a}||\vec{b}|\cos\theta$$
이다.

성분을 이용한 벡터 내적의 정의

평면 위의 두 벡터 $\vec{a}=\langle a_1, a_2\rangle$, $\vec{b}=\langle b_1, b_2\rangle$에 대하여 내적을
$$\vec{a}\cdot\vec{b}=a_1b_1+a_2b_2$$
로 정의한다. 같은 방법으로 공간의 두 벡터 $\vec{a}=\langle a_1, a_2, a_3\rangle$, $\vec{b}=\langle b_1, b_2, b_3\rangle$에 대하여
$$\vec{a}\cdot\vec{b}=a_1b_1+a_2b_2+a_3b_3$$
로 내적을 정의한다. 벡터 내적의 성분 표현 식은 영벡터일 때도 성립한다.

참고로 위의 두 정의가 같다는 것은 고등학교 수학인 코사인법칙을 이용하여 증명할 수 있다.

내적 활용의 쉬운 예

벡터는 힘과 운동을 나타내는 데 적합하다. 일을 나타내는 데 두 벡터의 내적을 이용하면 매우 간단하다. 먼저 간단한 예를 살펴보자. 어떤 물체에 힘이 작용해 물체를 이동시킬 때, 일한다고 말한다. 일정한 힘을 받으면 직선 운동을 하는 경우 일의 정의는
 일=(물체의 이동방향으로 작용한 힘의 크기)×(이동 거리)
로 주어진다.

물리에서 일을 계산하는데 내적이 활용된다. 일정한 힘 F를 가해 어떠한 물체를 직선 방향으로 거리 d만큼 이동했을 때 한 일 W는 힘과 거리의 곱인 Fd이다. 이는 힘의 방향과 물체의 움직인 방향이 일치할 때다. 일반적으로는 힘이 작용한 방향과 물체가 이동한 방향이

일치하는 것은 아니다.

공항에서 가방을 끌고 가는 모습을 상상해 보자. 이때 힘의 방향은 가방의 방향과 같이 지면과 각을 이루는 비스듬한 방향이다. 움직인 방향은 지면과 같은 방향이다. 이 경우 힘의 방향과 물체가 이동한 방향은 일치하지 않는다.

물체가 직선 운동을 하는 동안 일정한 힘 F가 작용했다고 하자. 그리고 물체에 작용한 힘 F의 방향과 이동한 방향 사이의 각의 크기를 θ라 하자. 힘을 $F=\overrightarrow{PR}$로 나타내고, 물체가 처음 있던 위치를 점 P, 이동한 후 위치의 점을 Q라 하자.

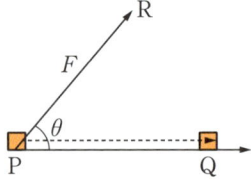

힘 F가 물체 이동에 영향을 준 방향의 힘은 $F=\overrightarrow{PR}$의 $\overrightarrow{PQ}$방향 정사영 벡터로 그 크기는 $|F|\cos\theta$이다. 이때 일 W를 구해 보면

$$W=|F|\cos\theta\,|\overrightarrow{PQ}|$$
$$=\overrightarrow{PR}\cdot\overrightarrow{PQ}$$

가 돼 두 벡터의 내적으로 표현된다.

예를 들어보자. 수평면과 60°방향으로 힘 $20\,N$을 작용해 물체를 수평 방향으로 $5\,m$ 이동시킬 때, 물체의 이동 방향으로 한 일은

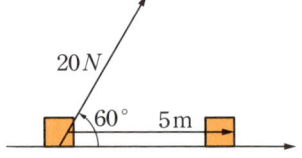

$$W=20\cos 60°\times 5$$
$$=50(J)$$

이다.

살펴본 것처럼 벡터의 내적은 일과 같은 물리적 현상을 설명할 때 이용되기도 한다.

공항에서 한 승객이 가방을 끌고 갔을 때 한 일을 내적을 이용해 구해 보자.

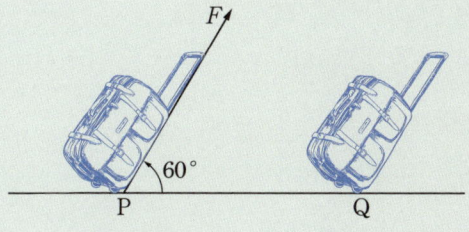

Q : 여행용 가방을 지면과 60° 방향으로 끌어서 점 P부터 점 Q까지 100 m 이동했다고 하자. 이때 가방을 끄는 힘이 20 N이라 하자. 이때 한 일을 구해라.

A : $W = \vec{F} \cdot \overrightarrow{PQ} = |\vec{F}||\overrightarrow{PQ}| \cos 60° = 1000(J)$

내적이 동영상 송신에 쓰인다고?

내적의 활용은 물리의 힘과 일에만 국한되지 않는다. 이제 위에서 살펴본 예와 다른 활용을 살펴보자. 여기에 설명은 TV나 핸드폰에 사용되는 사진, 음성, 동영상 등의 송신에 활용되는 기초 이론이다.

$C([0, 2\pi])$를 닫힌 구간 $[0, 2\pi]$에서 연속인 함수들의 집합이라고

하자. 이때 $C([0, 2\pi])$의 원소는 벡터이고 $C([0, 2\pi])$는 벡터 공간이 된다.

$f, g \in C([0, 2\pi])$인 두 함수 f, g의 내적 $\langle f, g \rangle$을

$$\langle f, g \rangle = \int_0^{2\pi} f(x)g(x)dx$$

로 정의하자. 이 정의를 이용하여 몇 가지 성질을 알아보자. 먼저 $C([0, 2\pi])$ 원소들을 벡터로 생각하면 벡터의 크기는

$$|f| = \sqrt{\langle f, f \rangle}$$

가 된다. 또 두 벡터 f, g 사이의 각의 크기를 θ라고 하면

$$\langle f, g \rangle = \int_0^{2\pi} f(x)g(x)dx$$
$$= |f| \cdot |g| \cos \theta$$

이다. 따라서

$$\cos \theta = \frac{\langle f, g \rangle}{|f| \cdot |g|}$$
$$= \frac{\int_0^{2\pi} f(x)g(x)dx}{\sqrt{\int_0^{2\pi} f(x)f(x)dx} \sqrt{\int_0^{2\pi} g(x)g(x)dx}}$$

이다. 그러므로 $\langle f, g \rangle = 0$이면 두 함수 f, g는 서로 수직이라고 한다.

두 자연수 k, l에 대하여 $k \neq l$이면 두 함수 $\sin kx, \sin lx$는 서로 수직임을 살펴보자. 만일 $k \neq l$이면

$$\langle \sin kx, \sin lx \rangle = \int_0^{2\pi} \sin kx \sin lx \, dx$$
$$= \int_0^{2\pi} \frac{1}{2} \{\cos(k-l)x - \cos(k+l)x\} dx$$
$$= 0$$

이다.

삼각함수와 이들의 내적은 아날로그를 이용한 동영상이나 음성 송에 이용된다. 디지털 방식의 송신 역시 내적을 이용하는데 삼각함수가 아닌 다른 함수를 사용한다. 디지털 방식에서 사용되는 함수는 삼각함수가 갖지 못하는 프렉탈 타일의 성질을 갖는데 이는 고등학교 수학 범위를 벗어나는 전문적인 개념의 설명이 필요하다. 고등학교 수학으로 이해할 수 있는 아날로그 방식의 송신에 대하여 설명한다.

$f(x)$가 구간 $[0, 2\pi]$에서 정의된 연속인 음성(이야기 소리)을 나타내는 함수라고 하자. 음성을 나타내는 함수 $f(x)$가 주어지면 이에 대응하는, 자연수 n에 대하여, 수열 a_n을 다음과 같이 정의하자.

$$a_n = \frac{1}{\pi} \int_0^{2\pi} f(x) \sin nx \, dx$$

이때 음성을 나타내는 함수 $f(x)$는 수열과 삼각함수의 결합

$$f(x) = a_1 \sin x + a_2 \sin 2x + a_3 \sin 3x + \cdots$$

이 된다. 이 식의 우변 급수를 Fourier 급수라고 한다.

아날로그에서는 연속인 함수 $f(x)$를 송신하는 대신 수열

$$a_1, a_2, a_3, \ldots$$

의 처음 유한개의 항

$$a_1, a_2, a_3, \ldots, a_n$$

을 송신한다고 한다. 따라서 수신한 음성은 원음인 식

$$f(x) = a_1 \sin x + a_2 \sin 2x + a_3 \sin 3x + \cdots$$

대신 원음과 비슷한 유한개의 항의 합으로 표현된 식

$$a_1 \sin x + a_2 \sin 2x + a_3 \sin 3x + \cdots + a_n \sin x$$

이다. 따라서 전화기를 통해 듣는 수신음은 상대방이 말한 원음과 다소 차이가 있다.

참고1 $f, g \in C([0, 2\pi])$인 두 함수 f, g의 내적 $\langle f, g \rangle$을

$$\langle f, g \rangle = \int_0^{2\pi} f(x)g(x)dx$$

로 정의하는 것은 자연스럽다. 변량이 이산으로 주어지면 평균을 계산할 때 덧셈을 사용하고 연속일 때는 정적분을 사용한다. 무게중심을 구할 때도 마찬가지이다. 질량이 이산으로 주어지면 무게중심을 구할 때 덧셈을 사용하고 연속인 함수로 주어지면 정적분을 사용한다.

공간의 두 벡터 $\vec{a} = \langle a_1, a_2, a_3 \rangle$, $\vec{b} = \langle b_1, b_2, b_3 \rangle$에 대하여
$$\vec{a} \cdot \vec{b} = a_1 b_1 + a_2 b_2 + a_3 b_3$$
로 덧셈을 이용하여 내적을 정의하고, 벡터가 연속인 두 함수 f, g의 내적 $\langle f, g \rangle$을 정적분을 이용하여

$$\langle f, g \rangle = \int_0^{2\pi} f(x)g(x)dx$$

정의하는 것은 정적분의 정의가 합의 극한값이라는 것을 상기하면 자연스러운 정의이다.

참고2 구간 $[0, 2\pi]$에서 정의된 연속인 음성(이야기 소리)을 나타내는 함수 $f(x)$를 직접 송신할 방법은 없을까? 함수 $f(x)$의 정의역인 구간 $[0, 2\pi]$의 점은 셀 수 없이 많다. 따라서 $f(x)$를 송신하기 위해서는 함수의 정의역에 대응하는 함숫값을 일일이 송신하는 것은 불가능하다. 그런 측면에서 프랑스 수학자 Fourier가 함수를 삼각함수의 일차결합인 급수

$$f(x) = a_1 \sin x + a_2 \sin 2x + a_3 \sin 3x + \cdots$$

로 표현하여 음성과 동영상 송신이 가능케 한 업적은 위대하다.

아날로그 대 디지털

디지털이 아날로그의 자리를 빼앗은 이유는 성능 차이 때문이다. 아날로그 이론의 출현은 1800년 대 초이고 디지털 이론은 그보다 100년 정도 늦은 1900년 대 초이다. 아날로그 이론은 고등학교 수학만 가지고 이해가 가능할 정도로 쉽다. 하지만 아날로그로 실현한 영상은 고화질이 선명하지 못한 단점을 갖는다. 이 단점을 설명하여보자.

신문에 익숙한 세대는 신문에 있는 사진이 점들로 채워져 있다는 걸 알고 있다. 사진의 품질을 높이려면 점의 크기를 줄이고 개수를 늘려야 한다. 그런데 아날로그에서는 점의 개수를 늘리면 그림이 흐려지는 단점이 발생한다. 미세 조정기를 조정해 본 브라운관 TV 세대는 이런 경험이 있다. 아날로그 방식으로 점의 수를 높인다는 것은 함수의 급수 표현인
$$f(x) = a_1 \sin x + a_2 \sin 2x + a_3 \sin 3x + \cdots$$
의 전송에 사용되는 함수의 대체 함수인
$$a_1 \sin x + a_2 \sin 2x + a_3 \sin 3x + \cdots + a_n \sin nx$$
에서 n값을 크게 하는 것이다. 여기서 n값이 커지면 주기함수인 사인함수의 그래프가 이웃 주기와 구별이 어려워져 흐려지는 현상이 일어난다.

오늘날 디지털 제품은 생활과 따로 떼어 놓을 수 없다. 디지털은 1900년 초, 간단하게 정의한 함수들이 아날로그에서의 삼각함수 역할을 대신 할 수 있다는 것을 발표한 수학 논문에서 시작된다. 하지만 연구는 오랫동안 진전이 없었다. 이유는 아날로그에 비해 계산이 복잡하고 양이 너무 많아서 시간이 오래 걸렸기 때문이다.

컴퓨터의 보급으로 디지털 이론의 연구는 전환기를 맞게 된다. 디지털 이론은 아날로그의 단점을 극복할 수 있지만, 많은 양의 복잡한 계산이 걸림돌이 되어 실현되지 못하고 있었다. 1970년대에 이르러 컴퓨터가 본격적으로 보급되며 이 문제가 해결되기 시작했다.

디지털 이론의 특징은 아날로그에서의 삼각함수의 역할을 대신하는 함수가 프랙털 타일 성질(self similarity)을 갖는 것이다. 이는 매 단계 같은 식의 계산을 되풀이하는 것으로, 고등학교 용어로 하면 점화식 계산으로 이해할 수 있다. 점화식은 계산은 복잡하여도 귀납적으로 정의되어 컴퓨터 프로그램이 가능하다. 디지털 이론의 결정적인 단점인 복잡한 계산이 컴퓨터의 도움으로 해결된 것이다.

디지털에서 성능 향상은 크게 두 가지에 의존한다. 아날로그에서 삼각함수의 역할을 대체할 함수를 어떤 것으로 선택하느냐와 컴퓨터가 계산을 얼마나 빨리하느냐다. 컴퓨터 성능 향상은 디지털 발전에 큰 역할을 한다. 이 두 가지는 동영상 송신에서 속도와 화질에 관련되어 있다. 영화 한 편을 내려받을 때 수학 시간에 배운 벡터의 내적이 사용되고 있다.

1.4 표준편차는 왜 복잡하게 정의할까?

한라산 고등학교 3학년 수학 담당 선생님은 갑과 을 두 명이 있다. 갑 선생님은 미적분을, 을 선생님은 통계를 담당한다. 3학년 모든 학급을 두 선생님이 나누어 가르친다. 다음은 교무실에서 갑과 을 선생님 사이의 대화이다.

> 갑 : 이번 수학 시험 결과가 나왔는데 1반 성적은 평균이 47이고 2반 성적은 평균이 53입니다.
> 을 : 2반이 1반보다 성적이 더 좋네요. 그런데 저는 2반이 수업하기 더 어려워요.
> 갑 : 저도 그렇습니다. 보통 성적이 좋으면 수업하기가 쉬운데 2반 학생은 공부를 아주 잘하는 학생부터 못하는 학생까지 다양해서 그런 것 같아요.
> 을 : 맞아요! 1반 학생들 성적은 모두 비슷해서 평균 근처에 모여 있어요.

자료의 특성을 나타내는 대표적인 값으로 평균과 표준편차 등이 있다. "2반이 1반보다 성적이 더 좋다."라고 이야기할 때 그 의미는 일반적으로 평균이 더 높다는 의미이다. 그런데 대화에서는 2반이 1반보다 성적이 좋다고 해도 수업하기가 어렵다고 한다. 평균 이외에 자료의 특징을 나타내는 다른 수치가 필요하다는 것을 뜻한다.

자료 전체가 평균으로부터 흩어진 정도를 나타낼 때 표준편차를 사용한다. 표준편차는 편차 제곱의 평균인 분산의 양의 제곱근이다. 평균으로부터 흩어진 정도를 나타내려면 자료의 평균으로부터 떨어진 거리의 평균을 구하면 될 것 같은데 왜 복잡한 계산을 요구하는 식을 사용할까?

간단한 예를 들어 편차, 분산, 표준편차를 알아보자.

여섯 명의 여학생 키를 조사하였더니

156, 159, 160, 165, 167, 171

이라고 하자. 평균은

$$m = \frac{156+159+160+165+167+171}{6} = 163$$

이다. 각 자료의 값에서 평균값을 뺀 값을 편차라고 한다. 이 자료에서 편차들은 차례로

156−163=−7, 159−163=−4, 160−163=−3,
165−163=2, 167−163=4, 171−163=8

이다. 이들 편차의 합은 0이므로 편차의 평균 역시 0이다. 편차의 평균은 자료 전체의 평균으로부터 흩어진 정도를 나타내지 못한다.

자료가 평균으로부터 떨어진 거리는 위에 구한 편차의 절댓값이다. 이들의 평균은

$$\frac{|-7|+|-4|+|-3|+2+4+8}{6} = 4\frac{2}{3}$$

이다. 자료가 흩어진 정도를 나타내는데 자료가 평균으로부터 떨어진 거리의 평균인 이 값을 자료의 특징을 설명하는 값으로 사용하지 않는다. 왜일까? 답은 정규분포 식에서 찾을 수 있다. 자료의 특징이 정규분포 식에 어떤 형태로 나타나는지 살펴보자. 정규분포는 통계학에서 가장 중요하다.

연속확률변수 X의 확률밀도함수 $f(x)$가

$$f(x) = \frac{1}{\sqrt{2\pi}\,\sigma} e^{-\frac{(x-m)^2}{2\sigma^2}}, \quad -\infty < x < \infty$$

로 나타난다. 이때 연속확률변수는 정규분포를 따른다고 한다. 이 식에서 m은 X의 평균이고, σ는 X의 표준편차이다. 자료 수가 충분하고 조사하는 집단이 정상적이면 모든 통계는 정규분포에 따른다.

정규분포 그래프 위치는 평균에 의하여, 모양은 표준편차에 의하여 결정된다. 자료의 흩어진 정도는 정규분포 그래프의 모양으로 나타난다. 정규분포의 식에서 모양을 결정하는 요인을 찾아보자. 위 정규분포 식에서 밑수는 자연 상수 e로 고정되어 있어 그래프 모양은 지수인 $-\dfrac{(x-m)^2}{2\sigma^2}$에 따라 결정된다. 이때 분자의 $x-m$은 자료의 편차이고 $(x-m)^2$은 편차의 제곱이다. 위의 예에서 자료인 여섯 개의 키값이 식에서 x에 해당한다.

자료가 평균으로부터 얼마나 흩어졌는지 그래프와 식을 연결하여 살펴보면 편차의 제곱 값에 의존함을 알 수 있다. 편차의 제곱의 평균인 분산은 자료에 비교해서 수가 너무 크다. 분산의 양의 제곱근을 자료가 평균으로 얼마나 흩어졌는지 나타내는 표준편차로 사용한다.

위에 예를 든 여섯 명의 여학생 키 156, 159, 160, 165, 167, 171의 분산과 표준편차를 구해 보자. 편차의 제곱의 평균인 분산은

$$\sigma^2 = \frac{(-7)^2+(-4)^2+(-3)^2+2^2+4^2+8^2}{6} = 26\frac{1}{3}$$

이고 표준편차는

$$\sigma = \sqrt{\frac{(-7)^2+(-4)^2+(-3)^2+2^2+4^2+8^2}{6}} \approx 5.13$$

이다.

위에서 구한 분산은 $26\dfrac{1}{3}$로 위의 여섯 자료가 평균인 163으로부터 떨어진 정도를 나타내기에는 너무 크다는 것을 알 수 있다. 물론 분산은 거리 제곱의 평균이므로 이차원 값으로 일차원 값인 표준편차로 쓸 수 없다. 표준편차의 식

$$\sigma = \sqrt{\frac{(x_1-m)^2+\cdots+(x_n-m)^2}{n}}$$

이 복잡하더라도 자료가 흩어진 정도를 나타내는 값으로 정의하여야 한다.

1.5 수학에서 공간과 생활 속 공간

수학 전공자가 아니면서 필요하여 수학 분야를 공부하려면 여러 가지 어려움을 겪게 된다. 근원적인 어려움은 배우려는 내용의 이해를 위해 그 이전에 배워야 하는 선수 과목의 숙지가 필수다. 선수 과목을 어느 정도 알고 있더라도 새로운 영역의 공부를 시작하다 보면 용어가 낯설어 새로운 개념을 받아들이는 데 장애가 되기도 한다. 새로운 분야를 시작할 때마다 등장하는 용어가 공간이다. 공간이란 용어를 얼마나 빨리 받아들이는가가 공부의 성패를 가름하기도 한다.

수학 전공자들은 수많은 공간을 공부하게 된다. 벡터 공간, 선형 공간, l^2 공간, L^p 공간, 위상 공간, 사영 공간 등이 몇 가지 예이다. 유클리드 공간이라는 이야기는 들어보았을 것이다. 1차원, 2차원, 3차원 공간 모두를 지칭하는 유클리드 공간은 정의를 따로 하지 않고 사용했다. 유클리드 공간은 유클리드 기하학을 마음대로 다룰 수 있는 공간으로 이해하면 된다. 벡터 공간 역시 같은 맥락으로 이해하는 것이 가능하다.

그렇다면 1차원, 2차원, 3차원 공간 모두를 언제나 유클리드 공간이라고 할까? 아니다. 같은 대상이라도 공간의 이름이 다를 수 있다. 비유클리드 기하학의 연구는 19세기 초에 유클리드 공리 가운데 하나를 부정함으로써 시작된다. 사영기하학은 사영으로 변하지 않는 도형의 성질을 다룬다. 이때 공간은 사영 공간이라고 부른다. 유클리드, 비유클리드, 사영 공간 모두 대상은 같다. 같은 대상이라도 연구하고 싶은 성질이 다르다. 공간이란 연구하고 싶은 성질을 갖는 대상이다. 그러므로 같은 대상이라도 정의된 성질이 다르면 공간의 이름이 달라진다.

공간의 이해에 도움이 될만한 부연 설명을 하겠다. 물리 전공자들은 벡터장이란 용어를 사용한다. 여기에서 장(場)은 마당이란 뜻으로 우리가 일상생활에서 자주 듣고 사용한다. 야구장, 농구장 등에서 장의 의미와 벡터장에서 장의 의미를 비슷한 맥락으로 이해할 수 있다. 야구장이란 야구에 관한 모든 행위가 행해지는 공간인 것처럼 벡터장도 벡터장의 원소인 벡터(함수)에 대한 모든 작용이 일어나는 공간으로 이해하면 무리가 없을 것이다. 야구장에서는 야구의 규칙을 따라서 모든 행위가 일어나듯 벡터장에서는 벡터의 연산이 가능하다고 이해할 수 있다.

따라서 수학에서 공간이란 연구하고 싶은 대상(원소의 집합)을 말하는데 그냥 집합이 아니라 원소들 사이의 연산을 정의한 집합으로 이해할 수 있다.

2. 수학 탄생의 원리

수학 주제의 탄생 경로는 다양하다. 전통적으로는 자연으로부터 관찰된 현상을 수학적으로 표현하고 연구한다. 연구한 결과를 다시 다양한 분야에 활용하여 좋은 성과를 내면 그 분야는 발달한다. 다른 분야에서 시작되어 수학 분야로 넘어오는 경우도 많다. 응용수학 분야에서 이런 경우가 흔하다. 여기서는 특별한 지식이 필요 없는 중고등학교에서 배운 수학이 일상과 어떻게 연결되는지 살펴본다.

2.1   자연에서 대칭과 수학에서의 대칭

대칭에 대해 일상으로부터 고등학생 때 배운 내용까지 연결해보자.

오래된 기억을 더듬어보자. 초등학교 미술 시간이었다. 도화지 한 장을 준비해서 반으로 접어놓는다. 반으로 접은 도화지를 펼쳐 놓고 한쪽에 여러 색 물감으로 축축하게 물들인 실은 올려놓는다. 도화지의 나머지 반쪽으로 실을 덮고서 눌러준다. 다시 도화지를 펼치고 실을 제거한다. 도화지에는 접은 선을 따라 좌우에 서로 대칭인 무늬가 펼쳐진다. 이 경우 무늬는 선대칭이다.

대칭은 인간의 신체, 건물처럼 일상에서 의식 또는 무의식중에 늘 접하며 지낸다. 물리에서 대칭 이론은 매우 중요하게 여긴다. 디자인에서도 대칭을 자주 볼 수 있다. 좌우가 대칭인 무늬를 디자인할 때 미술 시간 같이 일일이 반으로 접어서 만들어야 하나? 요즈음은 디자인과 프린트할 때 컴퓨터를 이용한다. 이를 위해서는 컴퓨터 프로그램을 만들 필요가 있다. 컴퓨터 프로그램을 만들려면 대칭의 정의와 이를 표현한 식이 필요하다.

물리적인 관점에서 대칭이란 무엇일까?

선대칭으로 얻은 도형이 처음 도형과 같은 도형이 될 때 이 도형을 선대칭 도형이라고 한다. 물리적 실험 대상을 어떤 선을 기준으로 좌우를 바꾸는 실험을 시행했더니 처음과 같은 결과를 얻었다면 이 대상은 선대칭이다. 대칭에는 대표적으로 점대칭과 선대칭이 있다. 다른 대칭도 있지만 여기서는 선대칭 이야기를 하기로 한다. 대칭 현상으로부터 고등학교에서 배우는 대칭인 그래프의 식은 어떻게 유도하는지 알아보자. $y=f(x)$의 그래프가 y축에 대칭이라고 하자. 이 식은 어떤 조건을 만족해야 하는지 알아보자.

$y=f(x)$의 그래프 위의 한 점 P의 좌표를 (x, y)라고 하자. 이제 점 P와 y축에 대칭인 점을 Q라고 하면 $y=f(x)$의 그래프가 y축에 대칭이므로 점 Q 역시 $y=f(x)$의 그래프 위의 점이다. Q점의 좌표를 (a, b)라 하고 a와 b의 값을 구해 보자.

$y=f(x)$의 그래프가 y축에 대칭이라고 함은 그래프를 종이에 그리고 이 종이를 y축을 따라 접으면 그래프가 포개어진다는 의미이다. 따라서 대칭은 두 가지 의미를 포함하고 있다. '접는다'와 '포개어진다.'이다. 이를 수학적으로 해석하자. 포개진다는 것은 거리가 같다는 의미이다. 접는다는 것은 기준을 중심으로 반대 방향이라는 의미이다. 접은 종이를 펼쳐보면 포개어졌던 두 점은 y축을 기준으로 서로 반대쪽의 같은 거리에 있다.

P(x, y)와 Q(a, b)가 y축에 대칭이면 $a=-x$이고 $b=y$이다. 따라서 점 Q$(-x, y)$가 $y=f(x)$의 그래프 위의 점이다. 그러므로 점 Q의 좌표 $(-x, y)$는 함수식 $y=f(x)$를 만족해야 한다. 좌표 $(-x, y)$를 $y=f(x)$에 대입하면 $y=f(-x)$를 얻는다. 그러므로 $y=f(x)$의 그래프가 y축에 대칭이면 $f(x)=y=f(-x)$이다. 결론적으로 $y=f(x)$의 그래프가 y축에 대칭이라고 함은 $f(x)=f(-x)$을 만족해야 한다. 참고로 $f(x)=f(-x)$를 만족하는 함수를 우함수라고 한다. 우함수의 '우'는 순우리말의 '짝'이라는 뜻이다.

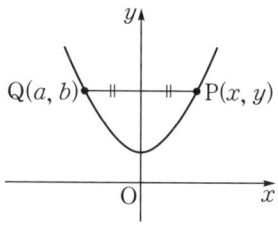

'접는다'와 '포개진다'를 이용하면 고등학교에서 배우는 대칭에 관한 모든 식을 유도하여 얻을 수 있다. 대칭의 의미를 이용해 $y=f(x)$의 그래프가 직선 $x=k$에 대하여 대칭일 조건을 단계적으로 구해 보자.

단계1 점 Q(a, b)가 직선 $x=k$에 대하여 점 P(x, y)와 대칭일 때 점 Q(a, b)의 좌표를 구해 보자.

직선 $x=k$가 x축에 수직이므로 점 P(x, y)와 점 Q(a, b)의 y좌표는 같다. 따라서 $b=y$이다. 대칭의 정의에 의해 점 P(x, y)로부터 직선 $x=k$까지 거리와 직선 $x=k$부터 점 Q(a, b)까지 거리는 같다.

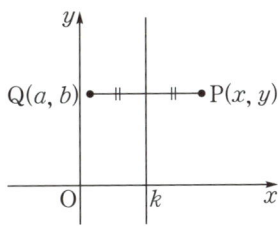

따라서
$$x-k=k-a$$
$$a=2k-x$$
이다. Q(a, b)=Q($2k-x$, y)

단계2 $y=f(x)$의 그래프가 직선 $x=k$에 대하여 대칭일 조건을 구해 보자.

$y=f(x)$의 그래프 위의 두 점 P(x, y)와 Q(a, b)가 직선 $x=k$에 대하여 대칭이라고 하면 위의 결과에 따라 점 Q($2k-x$, y)는 $y=f(x)$의 그래프 위의 점이므로 $y=f(2k-x)$이다.

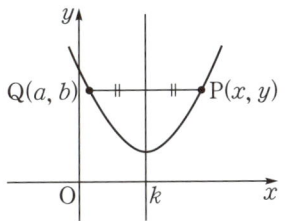

그러므로 $f(x)=y=f(2k-x)$을 만족해야 한다.

$y=f(x)$의 그래프가 직선 $x=k$에 대하여 대칭일 조건은

$$f(x)=f(2k-x)$$

이다.

2.2 원주율을 구하는 방법

원주율에 대해서는 고대부터 현대까지 흥미 있는 이야기가 많다. 인간은 정확한 원의 둘레의 길이를 구하려 했다. 원의 둘레 길이의 정확한 값은 구하진 못했어도 원의 크기와 상관없이 원의 둘레 길이와 지름의 비는 일정하다는 것을 알아낸다. 지름의 길이는 원의 둘레 길이보다 측정이 쉽다. 이런 이유로 원의 둘레의 길이를 구하는 문제는 자연스럽게 지름에 대한 원의 둘레 길이의 비율을 구하는 문제로 변환된다. 이 비율을 원주율이라고 하였는데 원주율을 구하기가 쉽지 않다. 이유는 원주율이 무리수기 때문이다. 원주율의 정의로부터 원주율 값으로 현재 사용하는 3.14를 어떻게 구하게 되었는지 알아보자.

원주(원의 둘레) 길이의 원의 지름의 길이에 대한 비율을 원주율이라고 한다. 원주율은 그리스 문자 π로 나타낸다. 원주의 길이를 l, 반지름의 길이를 r이라고 하면 지름의 길이는 $2r$이므로 원주율은

$$\pi=\frac{l}{2r}$$

이다.

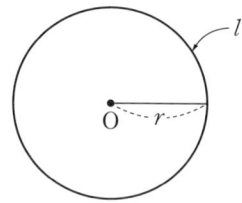

우리가 알고 있는 원의 둘레의 길이를 구하는 공식 $l=2\pi r$은 원주율의 정의 $\pi=\dfrac{l}{2r}$로부터 얻은 것이다.

그리스 문자 π는 그리스어로 둘레를 뜻하는 단어의 첫 글자이다. 1706년 윌리엄스가 처음 원주율을 π로 표기했는데, 표준으로 널리 사용하게 된 계기는 오일러의 저서 〈무한수학 입문〉이라고 알려져 있다.

원주율은 무리수이다. 간혹 원주율 값으로 $\dfrac{22}{7}$이라고 하는 경우가 있는데, 원주율이 유리수인 $\dfrac{22}{7}$이라고 하는 것은 명백히 잘못된 것이다. 또 원주율 값으로 3.14라고 이야기하는 것 역시 잘못 이야기하는 것이다. 3.14 역시 유리수이며 이는 원주율의 근삿값이다. 따라서 "원주율은 약 3.14이다."라고 해야 한다.

원주율은 고대 이집트나 바빌로니아에서도 구했던 것으로 알려져 있다. 직접 바퀴를 굴려서 구한 값으로 $\dfrac{256}{81}$(약 3.160)이었다. 이는 $\dfrac{4}{3}$의 네 제곱이다. 기원전 250년 경 고대 그리스의 아르키메데스가 원에 내접하는 96각형을 이용해 구한 값은 약 3.14163이었다. 이 값은 1400년 경 인도의 마다바가 무한급수를 이용한 방법을 창안하기까지 약 1600년 동안 사용되었다. 인도에서는 4세기 원주율로 $3\dfrac{1777}{1250}$을 사용했는데 이는 3.1416이다.

이후 7세기 중국의 후한 시대에는 $\sqrt{10}$을 원주율로 사용했는데 이는 약 3.16227766이다. 이보다 앞선 중국의 구장산술 기록에 의하면 정192각형을 이용해 구한 원주율의 근삿값은 3.141592로 참값에 매우 가깝다. 원주율 값의 더욱더 정확한 근삿값을 구하는 시도는 마치 자릿수 경쟁처럼 계속돼 중국, 인도, 유럽 등 곳곳에서 시도되었다. 1800년 대까지 십 년 이상 걸려서 구한 π의 소수점 자릿값들은 현재 개인 컴퓨터를 사용하여 일 분 정도면 충분히 계산할 수 있다.

1776년 스위스의 람베르트(J. H. Lambert)가 π가 무리수임을 증명했고, 1882년 독일의 린데만(F. Lindemann)이 π가 초월수임을 증명해 원적 문제(원의 넓이와 같은 정사각형의 작도)의 작도 불가능성을 최종 증명했다.

참고 초월수란? 계수가 모두 정수인 다항 방정식의 해를 대수적 수라고 한다. 예를 들어 무리수 $\sqrt{2}$는 다항 방정식 $x^2-2=0$의 해가 되므로 대수적 수이다. 초월수는 대수적인 수가 아닌 실수이다. 따라서 π가 초월수라는 것은 π가 정수 계수를 갖는 어떤 다항 방정식의 해가 되지 못한다는 의미다.

급수를 이용한 원주율의 계산

급수를 이용한 원주율의 계산 방법은 여러 가지가 알려져 있다. 여기서는 그중 가장 널리 알려진 방법 하나를 소개한다. 이 방법은 고등학교 수학만 가지고 이해가 가능하다.

$-1<x<1$인 x에 대하여 무한등비급수
$$1+x+x^2+x^3+\cdots=\frac{1}{1-x}$$
이다. 이식의 양변에 x 대신 $-x^2$을 대입하면

$$\frac{1}{1+x^2}=1-x^2+x^4-x^6+x^8-\cdots$$

이다. 이 식을 적분하면 $-1 \leq x \leq 1$인 x에 대하여

$$\int \frac{1}{1+x^2}dx=\int(1-x^2+x^4-x^6+\cdots)dx$$

인 식을 얻는다.

좌변의 적분 $\int \frac{1}{1+x^2}dx$을 구해 보자.
$y=\tan x$의 역함수는 $x=\tan y$이고 이를 역함수의 기호를 이용해 $y=\tan^{-1}x$로 나타낸다. $x=\tan y$를 양변을 미분해 $y'=(\tan^{-1}x)'$을 구해 보자.

$$(\tan x)'=\sec^2 x$$

이므로 $x=\tan y$을 미분하면

$$\frac{dx}{dy}=\sec^2 y$$

이므로

$$\frac{dy}{dx}=\frac{1}{\sec^2 y}$$
$$=\frac{1}{1+\tan^2 y}$$
$$=\frac{1}{1+x^2}$$

이다.($\sec^2 y=1+\tan^2 y$이고 $x=\tan y$이다.)
그러므로

$$\frac{dy}{dx}=y'=(\tan^{-1}x)'=\frac{1}{1+x^2}$$

이다. 따라서 양변을 적분하면

$$\int \frac{1}{1+x^2}dx=\tan^{-1}x+C$$

이다. 위의 식 $\dfrac{1}{1+x^2}=1-x^2+x^4-x^6+x^8-\cdots$을 이용해

$$\int \dfrac{1}{1+x^2}dx=\int(1-x^2+x^4-x^6+\cdots)dx$$

를 구하면

$$\tan^{-1}x+C=x-\dfrac{x^3}{3}+\dfrac{x^5}{5}-\dfrac{x^7}{7}+\dfrac{x^9}{9}-\cdots$$

이다. 이 식에 $x=0$을 대입하면 적분상수 C는 0이다. 그러므로 $-1\leq x\leq 1$인 x에 대하여

$$\tan^{-1}x=x-\dfrac{x^3}{3}+\dfrac{x^5}{5}-\dfrac{x^7}{7}+\dfrac{x^9}{9}-\cdots$$

이 성립한다.

이식에 $x=1$을 대입하자. $\tan^{-1}1=k$라고 하면 $\tan k=1$이므로 $k=\dfrac{\pi}{4}$이다. 따라서 $\tan^{-1}1=\dfrac{\pi}{4}$이다. 이로부터

$$\dfrac{\pi}{4}=1-\dfrac{1^3}{3}+\dfrac{1^5}{5}-\dfrac{1^7}{7}+\dfrac{1^9}{9}-\cdots$$

$$\pi=4\left(1-\dfrac{1}{3}+\dfrac{1}{5}-\dfrac{1}{7}+\dfrac{1}{9}-\cdots\right)$$

을 얻는다.

이 식에서 우변의 항의 개수를 많이 계산할수록 π의 참값에 가까운 근삿값을 얻는다. 참고로 이 식은 수렴 속도가 매우 느리다. 이 식을 이용해 우리가 사용하는 π의 근삿값 3.14를 얻기 위해서는 2000번째 항까지 계산해야 한다.

식 $\pi=4\left(1-\dfrac{1}{3}+\dfrac{1}{5}-\dfrac{1}{7}+\dfrac{1}{9}-\cdots\right)$을 이용하여 원주율 π가 무리

수임을 증명해 보아라.

2.3 π가 어떻게 180°가 되었을까?

고등학교를 갓 졸업한 대학교 1학년 학생들에게 π가 왜 180°인지 설명해보라고 하였다. 공대 학생으로 이들의 고등학교 성적은 상위 5% 이내의 상위권 학생들이다. 대다수 학생이 아무것도 쓰지 못한 백지를 제출했고 정답률은 3%에 불과했다. 여러 해에 걸쳐 다양한 학급에 같은 질문을 하여 비슷한 결과를 얻었다. 학생들은 호도법이란 용어의 뜻조차 모르고 있었다. 원의 일부인 호의 호와 각도의 도가 합쳐 '호도'가 되었다. 호의 길이를 이용하여 각도를 나타내는 방법이 호도법이다.

호도법이란?

원의 중심각이 왜 360°일까? 이 역시 지구와 태양의 관계에서 기인한 것으로 이해된다. 고대 바빌로니아에서 태양이 뜨는 위치를 관찰한 결과 매일 조금씩 차이가 나는 것을 알아냈다. 관찰을 계속한 결과 360일이 지나면 다시 같은 위치에서 태양이 뜬다는 것을 알게 되었다. 이 사실을 토대로 일 년을 360일로 생각했고, 또 원의 중심각을 360°로 정하게 되었다고 알려져 있다.

'60분법'이라고 하는 이 단위는 수학에서 삼각함수를 비롯한 함수에 쓰일 때 매우 불편함을 초래한다. 이런 불편을 해소하기 위해 수학자들이 새로운 단위를 고안한다. 우리는 이미 60분 법에 익숙해서 불편함을 모르고 있다.

호도법 정의

반지름의 길이가 r인 원에서 호의 길이가 반지름 r과 같은 부채꼴의 중심각을 1라디안(radian)이라고 정의한다.

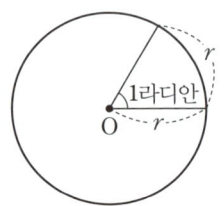

이 라디안을 단위로 각의 크기를 나타내는 방법을 호도법이라고 한다. 즉 **호**의 길이를 이용해 중심각의 각**도**를 나타내는 방**법**을 줄여서 호도법이라고 한다.

1라디안의 크기는 원의 크기와 관계없이 항상 일정하다. 호도법 정의에 의하면 호의 길이가 반지름의 두 배인 호의 중심각은 2라디안이다. 호의 길이가 반지름의 3배이면 중심각의 크기는 3라디안이고, 호의 길이가 반지름의 x배이면 중심각은 x라디안이다. 우리가 '60분법'에 익숙하지 않았다면 호도법이 훨씬 편리한 각도 체계이다.

원의 둘레 길이는 $l=2\pi r$이다. 여기서 원의 둘레의 길이는 반지름 길이 r의 2π배이다. 원의 둘레 전체를 호로 생각하면 그 중심각이 360°이고, 호도법으로 하면 원의 둘레가 r의 2π배이므로 2π라디안이다. 그러므로

$$2\pi \text{라디안} = 360°$$

가 된다. 그런데 호도법에서 각을 나타내는 라디안은 생략해 사용하기 때문에

$$2\pi = 360°$$

인 식을 얻게 된다. 따라서 π(라디안)는 180°이고 1라디안은

$$1 = \frac{180°}{\pi}$$

이고 이는 약 $57°17'45''$이다.

라디안을 생략해 사용하기 때문에 식이나 문장에서 π를 보면 각을 의미하는지 원주율을 의미하는지 주의 깊게 구별해 보아야 한다. π 라디안은 $180°$를 의미하며, 각이 아닌 수를 뜻하면 원주율인 약 3.14를 의미함을 알아야 한다. 마찬가지로 숫자가 각을 뜻하면서 '°' 표시가 없다면 라디안 각을 뜻함을 알아야 한다.

호의 길이가 반지름의 몇 배인가에 따라 부채꼴의 중심각을 라디안으로 표현하므로 이를 이해하면, 중심각이 x인 부채꼴의 호의 길이는 당연히 반지름의 x배인 xr이 된다. 호도법에 익숙하면 '60분법'이 오히려 불편해진다.

2.4 자연 상수 e 넌 뭐니?

자연 상수(또는 자연 대수라고도 함) e는 학생들이 싫어하는 조건을 두루 갖추었다. 일단 무리수이다. 유리수처럼 정확한 숫자 표현이 가능하지 않은 무리수는 숫자로 표현하는 대신 기호나 문자로 표현해야 한다. e의 정의는 수열의 극한값으로 정의하는데 정의에 이용된 수열 역시 익숙하지 않다. 학생들이 싫어하는 e는 어떻게 탄생했고 왜 배워야 할까?

사회생활을 시작하면 금리에 관심이 가고 민감해진다. 금리와 관련해서는 고등학교에서 복리로 원리합계 계산하는 방법을 배웠다. 배울 때는 이자 계산이 복잡해서 싫었는데 사회생활을 시작하면 꼭 필요하다. 이자 계산법을 이해하면 자연 상수 e가 탄생한 이유를 알 수 있다.

e가 왜 그렇게 정의되어야 하는지 알아보자. e가 무리수이기에 e의 값을 알려면 참값이 아닌 근삿값을 구해야 한다. 참값이 어떻게 표현되는지 알아보면 자연 상수 e가 무리수임을 알 수 있고 근삿값도 구할 수 있다. 원리합계 계산부터 시작해서 e의 근삿값을 구하여보자.

원리합계와 이자의 계산

원금과 이자의 합을 원리합계라고 한다. 이자를 계산할 때 이용되는 이율은 원칙적으로는 연이율을 쓴다. 1억 원을 연이율 6%로 10년 동안 정기예금했을 경우의 원리합계를 계산해보자.

예금하여 1년 뒤의 원금과 이자를 합해
$$100{,}000{,}000 + 100{,}000{,}000 \times 0.06 = 100{,}000{,}000(1+0.06)$$
이 된다. 처음 예금 때부터 2년 뒤의 원리합계는 1년 뒤의 원리합계 금액인 $100{,}000{,}000(1+0.06)$을 원금으로 생각해 원금과 1년의 이자를 더해 계산해야 하므로
$$100{,}000{,}000(1+0.06) + 100{,}000{,}000(1+0.06) \times 0.06$$
$$= 100{,}000{,}000(1+0.06)(1+0.06)$$
$$= 100{,}000{,}000(1+0.06)^2$$
이 된다.

같은 방법으로 3년 뒤의 원리합계 금액은
$$100{,}000{,}000(1+0.06)^3$$
이 되고 10년 뒤의 원리합계금액은

$$100{,}000{,}000(1+0.06)^{10}$$

이 된다.

위의 계산에서 이자는 1년 단위로 계산했다. 이와 같은 이자 계산법을 복리 계산법이라고 한다.

참고 이자 계산법에서 주의사항

1. 이자 계산 단위 기간이 달라도 이율은 항상 연이율로 이야기한다. 이자를 1개월 단위로 계산할 때 또는 6개월 단위로 계산할 때도 이율은 1년 단위로 말한다. 다만 개인 거래에서 이율을 월 단위로 이야기할 때도 있지만 이는 어디까지나 개인적 거래에 한정한다.

2. 만일 연이율 20%로 6개월 단위로 100억 원을 예금했다면 1년 뒤 얼마일까? 이자 계산법에 따르면 1년은 6개월이 2번이고 6개월 단위 이율은 $\dfrac{20}{2}=10\%$로 한다. 따라서 연이율 20%로 6개월 단위로 100억 원을 예금했다면 1년 뒤

$$100억\left(1+\dfrac{0.2}{2}\right)^2=121억$$

이다. 그러므로 연이율 20%의 6개월 단위로 계산하는 경우 실제로는 연이율 21%의 1년 단위 계산과 같다.

만일 1억 원을 은행에서 대출받고 같은 금액을 같은 금리로 은행에 저축했다면 손해일까 이득일까?

만일 1억 원을 은행에서 대출받고 같은 금액을 같은 금리로 은행에

저축했다면 손해일까 이득일까? 두 가지 경우 같은 연이율 6%로 계산하기로 하자. 은행에서 대출받으면 매달 이자를 내야 한다. 그러나 예금을 하면 은행에서 1년 동안 이자를 예금자에게 6개월에 한 번씩 총 두 번 지급한다.

따라서 대출 1년 후 내가 갚는 금액은 연이율 6%를 1개월 단위로 계산한 이율 $\frac{6}{12}$=0.5%의 12개월 동안의 원리합계

$$100,000,000\left(1+\frac{0.06}{12}\right)^{12}=106,387,455원$$

이다. 반면에 1년 동안 같은 이율로 은행에 예금 1억 원의 예금액은 연이율 6%를 6개월 단위로 계산한 이율 $\frac{6}{2}$=3%의 1년 동안의 원리합계

$$100,000,000\left(1+\frac{0.06}{2}\right)^{2}=106,090,000원$$

이다. 따라서 같은 연이율 6%로 같은 금액 1억 원을 은행으로부터 대출을 받아 예금하면 1년에

$$106,387,455-106,090,000=297,445원$$

만큼 예금자가 손해 난다.

자연 상수 e의 출현

자연 상태의 이상적인 조건에서 개체 수의 증가와 감소는 지수 함수로 나타난다. 예를 들어서 매일 개체 수가 두 배로 증가하는 박테리아의 x일 후의 개체 수를 y라고 하면 y는 지수식

$$y=2^x$$

로 나타난다.

이런 지수적인 증가와 감소는 방사성 물질, 탄소 연대 측정, 이자의 계산뿐만 아니다. 자연현상은 물론 공학 현상이나 사회적 현상의 관찰에서도 나타난다. 통계영역의 정규분포 역시 밑수가 자연 상수 e인 지수 함수로 나타난다. e를 피할 수 없다.

지수 함수에서 밑수는 증가 또는 감소의 속도에 따라서 결정된다. 지수는 증가 감소의 기간에 따라 결정되는데 밑수와 지수는 서로 독립되지 않고 상호 관련이 있다. 지수 함수에서 왜 밑수 e가 필요한지 또 어떻게 e를 밑수로 하는 지수 함수로 나타나는지 살펴보자.

앞서 원리합계 계산에서 설명했던 내용을 다시 보자. 개인 간에 거래에 있어서 가장 일반적으로 통용되는 이자 계산은 1개월 단위로 한다. 연이율 6%를 1개월 단위로 계산하면 실제 원리합계는 6%로 계산한 결과와 다르다. 위의 계산

$$100{,}000{,}000\left(1+\frac{0.06}{12}\right)^{12}=106{,}387{,}455$$

에서 보듯 6%가 아니라 약 6.39%가 된다.

여기서 새로운 질문이 하나 생긴다. 1개월 단위로 계산해 연이율 6%와 같게 되려면 연이율이 얼마가 될까? 이제 연이율 6%와 같게 되는 1개월 단위 복리 연이율을 r이라 하고 r을 구하는 식을 세워 보자.

원금을 A라 하면 1년 뒤의 원리합계금액은 두 가지 방법으로 계산할 수 있다. 먼저 월 단위로 계산하자. 연이율이 r이므로 월 단위 이율

은 $\frac{r}{12}$이 된다. 그러므로 원리합계는

$$A\left(1+\frac{r}{12}\right)^{12}$$

이 된다. 한편, 연이율 6%로 연 단위로 계산하면 $A(1+0.06)$이고 이 두 값이 같아야 하므로

$$A\left(1+\frac{r}{12}\right)^{12}=A(1+0.06)$$

이 돼 $\left(1+\frac{r}{12}\right)^{12}=(1+0.06)$를 얻는다. 이 식을 만족하는 이율 r값이 연이율 6%와 같게 되는 월 단위 연이율이다.

    핵 내부의 원자가 전자 결합에 의한 반응은 불과 몇 초 사이에 엄청난 변화를 일으킨다. 이러한 현상을 설명하는 수학적 모델의 식은 충분히 큰 자연수 n에 대해

$$\left(1+\frac{r}{n}\right)^n=(1+0.06)$$

으로 표현된다. 이때 월, 일, 초와 같은 기간 단위의 제약을 극복하려면 자연수 n이 충분히 커야 한다. 이는 식으로

$$\lim_{n\to\infty}\left(1+\frac{r}{n}\right)^n=(1+0.06)$$

로 표현된다.

    참고로 $\lim_{n\to\infty}\left(1+\frac{1}{n}\right)^n=\lim_{n\to\infty}\left(1+\frac{r}{n}\right)^{\frac{n}{r}}$이고 $\lim_{n\to\infty}\left(1+\frac{1}{n}\right)^n$의 값은 수렴한다. 그 수렴하는 값은 무리수로 알려져 있다. 이때 수렴 값

$$\lim_{n\to\infty}\left(1+\frac{1}{n}\right)^n=e$$

를 자연 상수로 정의한다. 여기서 정의한 자연 상수 e를 밑수로 갖는

지수 함수로 표현해야 원리합계 계산에서 이자 계산 단위 기간에 따른 오차를 극복할 수 있다.

처음의 연이율 6%로 돌아가자.

위의 식 $\lim_{n \to \infty}\left(1+\dfrac{r}{n}\right)^n = (1+0.06)$에서

$$\lim_{n \to \infty}\left(1+\dfrac{r}{n}\right)^n = \lim_{n \to \infty}\left(1+\dfrac{r}{n}\right)^{\frac{n}{r}r} = e^r$$

이 돼 $e^r = 1.06$을 만족하는 r의 값이 연이율 6%에 해당하는 연속 이율(연이율)이라고 한다. 여기서 r의 값은 $\ln 1.06$이다.

자연 상수 e의 값 구하기

자연 상수 e의 값은 무리수이다. 따라서 유한소수로 표현할 수 없다. e의 참값을 무한급수를 이용해 구할 수 있다. 다음 식을 살펴보자. 모든 실수 x에 대하여

$$e^x = 1 + \dfrac{1}{1!}x + \dfrac{1}{2!}x^2 + \dfrac{1}{3!}x^3 + \dfrac{1}{4!}x^4 + \cdots$$

가 성립한다. 이식의 양변에 $x=1$을 대입하면

$$e = 1 + \dfrac{1}{1!} + \dfrac{1}{2!} + \dfrac{1}{3!} + \dfrac{1}{4!} + \cdots$$

임을 얻는다. 예를 들어 이 급수

$$e = 1 + \dfrac{1}{1!} + \dfrac{1}{2!} + \dfrac{1}{3!} + \dfrac{1}{4!} + \cdots$$

에서 여섯째 항까지 계산해 e의 근삿값을 계산하면

$$e \approx 1 + \dfrac{1}{1!} + \dfrac{1}{2!} + \dfrac{1}{3!} + \dfrac{1}{4!} + \dfrac{1}{5!}$$
$$\approx 2.7167$$

을 얻는다.

참고 식

$$e^x = 1 + \frac{1}{1!}x + \frac{1}{2!}x^2 + \frac{1}{3!}x^3 + \frac{1}{4!}x^4 + \cdots$$

이 어떻게 얻어지는지 알아보자.

만일 $f(x)=e^x$가 무한급수로 표현된다고 하자. 즉

$$e^x = a_0 + a_1 x^1 + a_2 x^2 + a_3 x^3 + a_4 x^4 + \cdots$$

이라고 하자. 이제 이 식의 우변의 계수 $a_0, a_1, a_2, \ldots, a_n, \ldots$을 구해 보자. 식

$$e^x = a_0 + a_1 x + a_2 x^2 + a_3 x^3 + a_4 x^4 + \cdots$$

의 양변에 $x=0$을 대입하면 좌변은 1이고 우변은 a_0이므로

$$a_0 = 1$$

이다. 식

$$e^x = a_0 + a_1 x + a_2 x^2 + a_3 x^3 + a_4 x^4 + \cdots$$

의 양변을 미분하자. $(e^x)' = e^x$이다. 이를 이용하면

$$e^x = a_1 + 2a_2 x + 3a_3 x^2 + 4a_4 x^3 + \cdots$$

이다. 이 식의 양변에 $x=0$을 대입하면

$$a_1 = 1$$

이다. 식

$$e^x = a_0 + a_1 x + a_2 x^2 + a_3 x^3 + a_4 x^4 + \cdots$$

을 n번 미분하고 양변에 $x=0$을 대입하면

$$1 = n! a_n$$

이다. 따라서 모든 자연수 n에 대하여

$$a_n = \frac{1}{n!}$$

을 얻는다. 여기서 구한 a_n을 식

에 대입하면

$$e^x = a_0 + a_1 x + a_2 x^2 + a_3 x^4 + a_4 x^4 + \cdots$$

$$e^c = 1 + \frac{1}{1!}x + \frac{1}{2!}x^2 + \frac{1}{3!}x^3 + \frac{1}{4!}x^4 + \cdots$$

을 얻는다. 이제 이 식의 양변에 $x=1$을 대입하면 e의 값을 구하는 식

$$e = 1 + \frac{1}{1!} + \frac{1}{2!} + \frac{1}{3!} + \frac{1}{4!} + \cdots$$

을 얻는다. 이 식을 이용하여 자연 상수 e가 무리수임을 스스로 증명해 보아라. 참고로 마지막 식의 우변을 보면 어떤 자연수를 곱한다고 해도 자연수를 얻을 수 없다.

오일러식 확인하기

오일러식은 실수 x, 허수 i에 대하여

$$e^{ix} = \cos x + i \sin x$$

이다. 이는 Macliurin Series를 이용하면 양변이 같음을 보일 수 있다. e^x, $\cos x$와 $\sin x$를 각각 Macliurin Series를 이용하여 전개하면, 모든 실수 x에 대하여

$$e^x = 1 + \frac{1}{1!}x + \frac{1}{2!}x^2 + \frac{1}{3!}x^3 + \frac{1}{4!}x^4 + \cdots$$
$$\cos x = 1 - \frac{1}{2!}x^2 + \frac{1}{4!}x^4 - \frac{1}{6!}x^6 + \cdots$$
$$\sin x = \frac{1}{1!}x - \frac{1}{3!}x^3 + \frac{1}{5!}x^5 - \cdots$$

이다. 따라서

$$e^{ix} = 1 + \frac{1}{1!}ix + \frac{1}{2!}(ix)^2 + \frac{1}{3!}(ix)^3 + \frac{1}{4!}(ix)^4 + \cdots$$

$$=\left(1-\frac{1}{2!}x^2+\frac{1}{4!}x^4-\frac{1}{6!}x^6+\cdots\right)$$
$$+i\left(\frac{1}{1!}x-\frac{1}{3!}x^3+\frac{1}{5!}x^5-\cdots\right)$$
$$=\cos x+i\sin x$$

이다.

2.5 눈으로 보는 미분과 적분

미분과 적분은 어려운 수학의 대명사처럼 각인되어 다시는 생각하기도 싫어하는 사람이 많다. 1600년 대 말에 연구를 시작한 미분과 적분이 몇백 년이 흐른 오늘날 배우기조차 어렵다면 아마도 접근을 잘못 했기 때문이다. 미분과 적분은 변화와 관련이 있다. 아주 간단한 현상을 관찰하여 미분과 적분의 개념을 시각적으로 알아보자.

미분과 적분의 시각적 현상

잔잔한 물에 작은 돌 하나를 떨어뜨리면 동심원이 생기고 시간이 지나면서 이 원은 점점 커진다. 이 동심원의 순간 변화를 생각해보자. 미분계수와 순간 변화율은 같은 뜻이고 이는 평균 변화율의 극한값이다.

이 동심원의 반지름이 일정하게 증가한다고 하자. 넓이가 πr^2인 동심원 넓이의 순간 변화는 동심원의 테두리이다. 이 테두리는 반지름의 길이가 r인 원이므로 테두리의 길이 $2\pi r$이 이 동심원 넓이의 순간 변

화율이다. 따라서 원의 넓이를 미분하면 원의 둘레의 길이를 얻게 된다. 이를 식으로 표현하면

$$(\pi r^2)' = 2\pi r$$

이다.

같은 요령으로 풍선에 바람을 불어 넣어 반지름이 일정하게 증가한다고 하자. 공처럼 생긴 반지름의 길이가 r인 이 풍선의 부피는 $\frac{4}{3}\pi r^3$이다. 이 풍선 부피의 순간 변화는 풍선의 표면이다. 따라서 이 풍선 부피의 순간 변화는 구의 표면적 $4\pi r^2$이다. 따라서 구의 부피를 미분하여 구의 부피의 순간 변화율을 구하면 구의 표면적이 된다. 이를 식으로 표현하면

$$\left(\frac{4}{3}\pi r^3\right)' = 4\pi r^2$$

이다.

역으로 원의 둘레의 식을 반지름에 대하여 적분하면 원의 넓이의 식을 얻고, 구의 겉넓이 식을 적분하면 구의 부피 식을 얻는다.

2.6 적분으로 구하는 구의 부피와 표면적 식

학교에서 수학을 배우다 보면 갑자기 튀어나오는 식이 있다. 중학생 때 배우는 삼각뿔이나 원뿔의 부피를 구하는 식

$$\text{원뿔의 부피} = \frac{1}{3} \times \text{밑면의 넓이} \times \text{높이}$$

는 아무 근거 없이 주어진다. 적어도 고등학교에서 배우는 적분을 이용하면 구할 수 있다고 언급 정도는 해야 하지 않을까 한다. 이뿐만이

아니다. 반지름의 길이가 r인 구의 부피가 $\frac{4}{3}\pi r^3$이고 겉넓이가 $4\pi r^2$이라는 것도 아무 설명 없이 사용되고 있다.

직사각형의 넓이나 직육면체의 부피는 곱셈의 정의로부터 바로 이해할 수 있다. 반지름의 길이가 r인 원의 넓이가 πr^2이다. 이 식은 초등학교 6학년 때 배우는데 놀랍게도 수열의 극한 개념을 사용하였다. 수열의 극한을 기호가 아닌 그림으로 설명하였기에 초등학생도 이해할 수 있다. 적분을 이용해 원뿔과 각뿔의 부피를 구하는 과정은 고등학교 수학 교과서의 적분 단원의 예에서 찾아볼 수 있어 여기서는 생략한다. 구의 부피와 겉넓이 구하는 식이 어떻게 얻어지는지 알아보자.

구의 부피 구하는 공식 $\frac{4}{3}\pi r^3$ 구하기

구의 부피를 구하는 식은 고등학교의 적분 단원에서 배우는 회전체의 부피 구하기로 얻을 수 있다. $a \leq x \leq b$인 x에 대하여 $y=f(x)$, $y \geq 0$의 그래프를 x축을 회전축으로 회전하여 얻어진 회전체의 부피는

$$V = \int_a^b \pi \{f(x)\}^2 dx$$

이다. 이를 이용하여 구의 부피를 구하여보자.

구는 반원의 지름을 회전축으로 반원을 회전하여 얻을 수 있다. 반지름이 r인 원의 방정식은

$$x^2 + y^2 = r^2$$

이다. 이 식으로부터 반원의 식

$$y=\sqrt{r^2-x^2},\ -r\leq x\leq r$$

을 얻는다. 따라서 $f(x)=\sqrt{r^2-x^2}$ 이고 구의 부피는

$$\begin{aligned}V&=\int_{-r}^{r}\pi\{\sqrt{r^2-x^2}\}^2 dx\\ &=\int_{-r}^{r}\pi(r^2-x^2)dx\\ &=\pi\left[r^2 x-\frac{1}{3}x^3\right]_{-r}^{r}\\ &=\frac{4}{3}\pi r^3\end{aligned}$$

이다.

구의 겉넓이 구하는 공식 $4\pi r^2$ 구하기

정적분의 정의는 구분구적법으로 얻은 합의 극한값으로 정의한다. $a\leq x\leq b$인 x에 대하여 $y=f(x)$, $y\geq 0$의 그래프를 x축을 회전축으로 회전하여 얻어진 회전체의 겉넓이를 구하는 공식

$$S=\int_{a}^{b}2\pi f(x)\sqrt{1+\{f'(x)\}^2}\,dx$$

도 구분구적법으로 얻은 합의 극한값으로 얻을 수 있다. 이 공식을 이용하여 구의 표면적을 구하자. 여기서 반원의 식은

$$y=\sqrt{r^2-x^2},\ -r\leq x\leq r$$

이다. 따라서 $f(x)=\sqrt{r^2-x^2}$ 이고 $f'(x)=\dfrac{-x}{\sqrt{r^2-x^2}}$ 이다.

따라서 겉넓이는

$$S = \int_{-r}^{r} 2\pi \sqrt{r^2 - x^2} \sqrt{1 + \left(\frac{-x}{\sqrt{r^2 - x^2}}\right)^2} \, dx$$

$$= \int_{-r}^{r} 2\pi r \, dx$$

$$= 2\pi r [x]_{-r}^{r}$$

$$= 4\pi r^2$$

이다.

4장

논리가 없다면 문명도 사라진다

수학하면 자연스레 숫자가 떠오른다. 사실 초등학생 때 배우는 수학은 숫자의 계산 범주를 크게 벗어나지 않는다. 집합과 명제라는 주제를 배우는 순간, 이런 주제도 수학인가? 하는 의문이 들기도 한다. 집합과 명제는 논리의 바탕이 된다. 오늘날 우리 삶과 떼어 놓을 수 없는 문명은 컴퓨터의 역할이 결정적인데 컴퓨터 작동 기본 원리가 논리이다. 논리를 빼면 오늘날의 문명은 연기처럼 사라질 것이다.

모순이나 궤변 등의 논의는 명제로 시작한다. 명제는 논리의 기본으로 과거에는 언어의 영역으로 여겼다. 논리회로가 컴퓨터 탄생에 핵심적인 역할을 하면서 현재는 논리가 수학과는 떼려야 뗄 수 없는 영역이 되었다. 컴퓨터가 아니더라도 논리를 잘 이해하면 우리가 일상 속 대화에서 무의식중에 저지르던 무논리가 줄어들고 명확한 소통에 도움이 된다. 여기서 다른 논리와 이야기들은 수학이라는 학문으로 읽을거리보다 재미있는 이야깃거리로 소개한다.

1. 말장난이 컴퓨터가 되기까지

상대방의 이야기를 듣다 보면 사실이 아님이 뻔한데 딱히 반박할 수 없을 때가 있다. 제논의 역설이 잘 알려진 대표적인 예다. 아리스토

텔레스의 물리학에 기록돼 있는 제논의 역설에 따르면 쫓아가는 사람은 아무리 빨라도 앞서가는 사람을 추월할 수 없다고 한다. 쫓아가는 사람이 앞서가는 사람보다 두 배 빠르다고 하자. 쫓아가는 사람이 앞선 사람이 있던 위치에 도착하는 동안 앞선 사람은 쫓아온 거리의 절반을 또 앞서 나간다. 이 논리는 뒷사람이 앞선 사람의 위치에 도착하면 언제나 앞선 사람은 그 거리의 절반을 도망가기에 절대로 따라잡을 수 없다는 것이다.

이는 사실이 아님에도 당시에는 논리적인 반박을 제대로 하지 못했다. 엉터리 논리가 사실을 왜곡한 것이다. 이런 왜곡을 바로잡고자 하는 노력이 학문적 발전이라는 유용한 결과를 낳았다. 제논의 역설은 방정식이나 무한급수를 이용하면 사실이 아님을 쉽게 보일 수 있다.

1.1 모순과 역설

모순은 창(모:矛)과 방패(순:盾)를 의미한다. 초(楚)나라에 방패와 창을 파는 사람이 있었다. 그는 자신이 파는 방패를 자랑하며 "이 방패는 단단해서 어떤 창으로도 뚫을 수 없습니다."라고 했다. 또 자신의 창을 자랑하며 "이 창은 날카로워서 못 뚫는 방패가 없습니다."라고 했다. 그러자 어떤 사람이 물었다. "그대의 창으로 그대의 방패를 찌르면 어떻게 되겠소?" 그 사람은 아무 대꾸도 하지 못했다.

모순은 어떤 사실의 앞뒤, 또는 두 사실이 이치상 어긋나서 서로 맞지 않음을 이르는 말이다. 궤변은 잘못된 논리 전개를 고의로 이용하고, 발언자에게 형편 좋게 도출된 결론 및 그 논리의 과정을 이야기한다. 발언자가 속이고자 하는 의지가 있어야만 궤변이다. 오류와는 의 도적이냐 아니냐에 따라서 구별이 된다.

궤변의 개념이 언제쯤 탄생했는지는 명백하지 않지만, 그것이 비약적으로 발전한 것은 고대 그리스 시대이다. 그리스·로마 시대에는 위정자, 입후보자가 높은 지위에 오르기 위해 사람들의 인심을 얻는 연설을 할 필요가 있었다. 그러기 위해서는 정당한 변론 방법보다 궤변이 더 유용했다. 이 시대는 언변에 뛰어난 철학자들을 많이 배출해, 궤변가라고 불리는 소피스트의 존재를 낳았다. 소피스트의 궤변 방법은 후세의 논리학 발전으로 연결된다.

궤변과 닮은 것으로 역설이 있다. 역설은 궤변과 비교해 더 정확하고 엄밀한 추론을 진행하는 것에 특징이 있다. 역설의 예로 논리 전개가 올바른 것처럼 보이나 결론이 잘못된 것으로 앞서 소개된 제논의 역설이 대표적이다. 잘 알려진 역설 하나 더 소개한다. 어디가 잘못되었는지 찾아보길 바란다.

토요일의 역설

판사가 피고에게 사형을 선고하면서 다음과 같은 명령을 내렸다.
"다음 주 월요일부터 토요일 사이에 하루를 택해 교수형을 집행한다. 하지만 죄인에게 언제 형이 집행되는지 알리지 않는다. 고로 죄인은 형 집행일이 언제인지 예측할 수 없다."

죄인은 생각에 잠겼다가 판사에게 다음과 같이 이야기했다.
"판사님! 이 사형은 집행할 수 없습니다. 판사의 명에 따르면 절대로 토요일에 집행할 수 없습니다. 만일 사형이 토요일에 집행된다면 월요일부터 금요일까지 사형이 집행되지 말아야 합니다. 그런데 월요일부터 금요일 사이에 사형이 집행되지 않으면 저는 사형 집행일이 토요일이라는 것을 예측할 수 있으므로 토요일에는 사형을 집행할 수 없습니다. 그러므로 사형은 월요일부터 금요일 사이에 집행해야 하는데 만일 월요일부터 목요일 사이에 집행되지 않으면 금요일에 집행해야 합니다. 그런데 이 경우도 금요일에 사형이 집행되는 것을 예측할 수 있으므로 금요일 사형 집행도 불가능합니다. 따라서 사형 집행일은 월요일부터 목요일만 남고 같은 이유로 목요일도 사형 집행이 불가능합니다. 같은 논리로 수요일 화요일 집행도 불가능합니다. 그러므로 남은 요일은 월요일 뿐입니다. 이는 예측 가능하므로 사형은 집행이 불가합니다."

결론을 이야기하면 이 사형은 아무런 문제 없이 수요일에 집행되었다. 어떻게 사형 집행이 가능했을까? 논리적으로 따져보면 간단하고 명확하다. 궤변과 역설의 오류를 밝히기 위해 논리가 발달해 명확한 증명을 요구하기 시작했다.

〈논리 철학 논고〉(論理 哲學 論考, Tractatus Logico-Philosophicus, 1922)는 비트겐슈타인의 초기 사상을 아포리즘(警句) 형태로 표현한 서적이다. 이 서적에 진리표(truth table)를 이용하여 명제의 참 거짓을 명확하게 정리했다. 이 표를 이용해 일상의 대화 속에서 가끔 보는 오류나 의문을 가졌던 것들을 정확하게 살펴보면 명확한 결론을 얻을 수 있다. 일상에서 가장 자주 쓰이는 조건문의 진리표를 이용하여 토요일의 오류에 대해 논리적으로 살펴보자. 앞에서 살펴보았던 공집합이 모든 집합의 부분집합인 이유와 같은 논리이다.

죄수의 이야기를 살펴보자.

판사님! 사형이 토요일에 집행되려면 월요일부터 금요일까지 사형이 집행되지 말아야 합니다. 그런데 판사님은 "사형 집행이 언제 일어나는지 죄수는 알 수 없다."라고 하셨습니다. 금요일까지 집행되지 않으면 저는 토요일에 사형이 집행됨을 알 수 있게 되어 판사님의 선고에 따라 토요일에 집행될 수 없습니다. 이 문장을 조건문으로 쓰면

"만일 월요일부터 금요일 사이에 사형이 집행되지
않는다면 토요일에 사형이 집행될 수 없다."

이다. 이 명제에서

가정 p는 '월요일부터 금요일 사이에 사형이 집행되지 않는다.'

결론 q는 '토요일에 사형이 집행될 수 없다.'

이다.

그런데 이 문장에서는 가정인 p 자체가 거짓이다. 월요일부터 금요일 사이에 사형이 집행되지 않는다면 토요일에 사형을 집행할 수가 없다. 그런데 월요일부터 금요일 사이에 사형이 집행되는 경우는 죄수가 한 이야기와는 상관이 없다. 실제로 수요일에 사형이 집행되었으므로 죄수는 잘못된 가정하에서 결론을 내린 것이다. 토요일의 역설은 p는 F, q는 T인 명제 $p \to q$가 T이어서 죄수는 자신이 옳다고 한 것이다.

1.2 생활 속 논리

미국의 한 법대에서는 법학을 전공하는 학생에게 수학과 전공 2학년 과목을 한 과목 이상 이수하는 것이 의무로 주어진다. 수학과 2학

년 전공과목은 쉽지 않다. 법대 담당자에게 그런 규정을 정한 이유를 물으니 수학 과목을 이수한 학생의 판결문은 이수하지 않은 학생의 판결문과 다르다는 답변을 들을 수 있었다. 수학에서의 논리가 생활 속 논리와 다를 리 없다.

싫어도 피하지 말아야 할 증명

피타고라스 수는 직각 삼각형을 이루는 정수인 세 변의 길이를 말한다. 사실 이 내용은 피타고라스보다 약 100년이나 앞서 중국에서 이미 연구되었다. 그럼에도 불구하고 더 늦게 연구한 피타고라스의 이름을 붙여 피타고라스 정리라고 부르는 이유는 직각 삼각형의 세 변의 길이가 a(빗변), b, c일 때, $a^2 = b^2 + c^2$

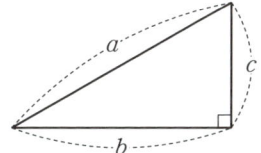

를 만족한다는 것을 피타고라스가 증명했기 때문이다. 증명이란 단어는 수학뿐만 아니라 법률 분야를 비롯한 일상에서 흔히 사용하고 있다. 증명했다는 이야기는 논쟁의 끝을 의미한다.

생활 속 논리

대화 중 설명이나 반박은 짧고 명료해야 설득력이 강하다. 불필요하게 설명을 길게 하면 듣는 사람이 듣기 지루해하고 피곤해한다. 생활 속 대화에 유용한 두 가지 '참인 명제와 거짓인 명제' 말하기 대화법을 살펴보자.

'갑'이라는 학생이 다섯 자루의 색연필을 가지고 있다. 그런데 갑이 을에게 말하기를

"내가 가지고 있는 색연필은 파란색 색연필이다."

라고 이야기했다고 하자. '갑'의 입장에서 자신이 한 이야기가 참임을 보이려면 다섯 자루 모두 파란색임을 보여야 한다. 이 경우 한 자루라도 파란색이 아니면 거짓이다.

거짓인 명제는 거짓인 경우가 하나만 있음을 보이면 충분하다. 위의 대화에서 갑이 한 이야기가 거짓이라고 하자. '을'의 입장에서 갑이 한 이야기가 거짓이라는 걸 보이기 위해서는 갑이 가지고 있는 색연필 다섯 자루 중 파란색이 아닌 색연필 한 자루만 꺼내어 보이면 된다. 이 색연필을 '반례'라고 한다. 반례를 여러 개 보이는 것은 불필요하다. 그러므로 일반적으로

명제가 (1) '참'임을 보일 때는 증명해야 한다.
　　　(2) '거짓'임을 보일 때는 반례 하나만 보이면 된다.

'모든'을 포함한 명제가 참임을 보이려면 전체집합의 모든 원소에 대하여 참임을 증명을 해야 한다. '모든'을 포함한 명제가 거짓임을 보이려면 전체집합의 원소 중 거짓이 되는 예 하나만을 제시하면 된다.

'어떤'이 들어 있는 명제

'어떤'이 포함된 명제가 참임을 보이려면 전체집합의 원소 중에서 참이 되는 예를 하나만을 제시하면 된다. '어떤'이 포함된 명제가 거짓임을 보이려면 전체집합의 모든 원소에 대하여 거짓임을 증명해야 한다. 예를 들어보자. 명제

"어떤 자동차는 빨간색이다."

는 참이라고 하자. 이 경우 빨간색 차 한 대만 보이면 충분하다.

"어떤 짝수는 제곱은 홀수이다."

는 거짓이다. 따라서 이 명제가 거짓임을 보이려면 모든 짝수의 제곱이 홀수가 될 수 없음을 보여야 한다.

1.3 귀류법이 해결해준 증명들

귀류법을 처음 대하는 순간 '신경 쓰기 싫은데 왜 이런 걸 배울까?'라는 생각이 들기도 한다. 논쟁의 종지부는 증명이다. 증명이 어렵다는 것은 수학 영역에만 국한된 이야기가 아니다. 아주 단순해 보이는 사실이 증명하기 더 어려울 때가 있다. 이럴 때 생각을 조금만 바꾸면 의외로 쉽게 증명이 가능할 수 있다. '죄를 짓지 않았음'을 이야기할 때 '죄를 지은 증거가 없음.'으로 대신 하는 것처럼 논리를 바꾸면 증명이 쉬울 수 있다.

명제의 결론을 부정해 모순을 찾아내어 주어진 명제가 참임을 증명하는 방법을 귀류법이라고 한다. 따라서 명제를 증명하는 대신 명제의

대우가 참임을 증명해 주어진 명제가 참임을 증명하는 방법 역시 귀류법이다. 다시 말하면 '결론이 거짓이라고 하면 가정도 거짓이 됨'을 보임으로써 주어진 명제가 참임을 보이는 증명 방법 역시 귀류법이다.

귀류법은 왜 사용할까? 귀류법은 주어진 명제가 단순하고 증명이 어려울 때 자주 사용되는 증명법이다. 직접 증명이 어려우면 증명하고자 하는 명제의 논리를 한번 뒤집어 생각해보면 증명의 단서가 보이기도 한다. 다음 두 명제를 증명하여보아라.

명제 1 : $\sqrt{5}$는 무리수다.
명제 2 : 소수(prime number)는 무한개다.

이 두 명제를 처음으로 증명해 낸 사람은 어떻게 증명을 생각했을까? 논리적으로 한 단계씩 접근하면 뜻밖에 쉽게 해결되는 경우가 있다. 단순한 이 두 명제 모두 직접 증명할 방법이 잘 떠오르지 않는다. 이럴 때 생각을 바꾸어 귀류법을 생각하여보자.

명제 1 : $\sqrt{5}$는 무리수다.

―| 증명 |―

만일 $\sqrt{5}$가 무리수가 아니라고 하자. 그러면 $\sqrt{5}$는 유리수다. 유리수 정의에 의하여 $\sqrt{5}$는 분모는 0이 아닌 정수이고 분자는 정수인 기약분수 꼴로 나타낼 수 있다. 즉

$\sqrt{5} = \dfrac{q}{p}$, p는 0이 아닌 정수, q는 정수이고

p와 q의 최대공약수는 1이다.

라고 하자. $\sqrt{5}$의 뜻은 제곱하여 5가 되는 양수이므로 식

$\sqrt{5}=\dfrac{q}{p}$를 제곱하여보자.

$$5=\dfrac{q^2}{p^2}$$

즉

$$5p^2=q^2$$

이므로 q^2은 5의 배수가 된다. 따라서 q도 5의 배수가 된다. 이제 $q=5k$, k는 정수라고 하고 이를 식 $5p^2=q^2$에 대입하고 정리하면

$$5p^2=25k^2$$
$$p^2=5k^2$$

를 얻는다. 이 식의 우변은 5의 배수이므로 p도 5의 배수가 된다. 결국 p와 q 모두 5의 배수가 되어 공약수 5를 갖는다. 이는 두 수 p와 q의 최대공약수가 1이라는 가정에 모순이 된다. 따라서 $\sqrt{5}$는 유리수가 아니다. 그러므로 $\sqrt{5}$는 무리수다.

아마도 귀류법에 대한 독자의 첫 기억은 '$\sqrt{2}$는 무리수다.'의 증명일 것이다. $\sqrt{5}$가 무리수라는 증명이 이해됐다면 고등학교 수업 시간에 배운 '$\sqrt{2}$는 무리수다.'를 스스로 증명할 수 있을 것이다. 이제 두 번째 명제의 증명을 생각해보자.

명제 2 : 소수(prime number)는 무한개다.

─| 증명 |─

만일 소수가 무한개가 아니라고 하자. 그러면 소수는 유한개

가 된다. 소수가 유한개이므로 소수를 모두 나열할 수 있다. 소수 전체의 집합을

$$P=\{2, 3, 5, \cdots, p\}$$

라고 하자. 집합 P의 원소는 크기순으로 나열하였다. 이제 집합 P에 속하지 않는 소수가 있다면 집합 P가 소수 전체의 집합이라는데 모순이 된다. 자연수

$$n=1+2\cdot 3\cdot 5\cdot \cdots \cdot p$$

는 소수이다. 왜냐하면 모든 소수는 집합 P의 원소이고 n을 집합 P의 어떠한 원소로 나누어도 나머지가 0이 아닌 1이므로 소수이다. 또 $p<n$이므로 $n\not\in P$이다. 따라서 $P=\{2, 3, 5, \cdots, p\}$가 모든 소수의 집합이 아니다. 그러므로 소수는 무한개이다.

귀류법을 처음 보면 논리가 복잡해 보일 수 있다. 하지만 귀류법을 사용해야 비로소 증명되는 많은 명제가 있다.

1.4 수학에 스위치를 단 영국 수학자 조지 불

이론은 수학뿐만 아니라 모든 학문의 기본이다. 특히 수학은 이론의 학문이라고 이야기한다. 같은 내용도 설명을 쉽고 바르게 표현하면 내용을 쉽고 정확하게 이해할 수 있다. 수학을 이론적으로 접근하는데 그 대상을 집합으로 나타내고, 명제를 이용해 전개한다.

수학적 논리는 아주 오래된 주제지만, 본격적으로 명제가 수학의 영역으로 여겨진 것은 200년도 채 되지 않는다. 대수학(algebra)을 다루는데 수를 다루어야 한다는 통념을 깨뜨리고 논리까지 영역을

확장한 계기는 영국의 수학자 조지 불(Gorge Boole)이 1854년 그의 저서 〈논리와 확률의 수학적 기초〉를 발표하면서다.

그가 연구했던 이론을 불대수(Boolean Algebra)라고 불리는데, 전기 스위치 회로 이론, 계산기 설계 등 여러 분야에서 활용하고 있다. 불대수는 X 또는 Y의 수치 계산이 아니라, 참 또는 거짓의 논리값을 다루기 때문에 이 용어가 쓰인다. 어떤 언어에서는 불 값을 0(거짓)과 1(참)로 나타내는 정수 데이터형을 사용한다.

인간은 한순간 복합적으로 여러 가지 사고가 가능하다. 그런데 기계는 아직 그렇지 못하다. 기계는 한 번에 한 가지만 실현한다. 그런 의미에서 조지 불이 논리를 0(거짓)과 1(참)의 값으로 표현한 것은 인간의 일을 기계가 대신할 수 있는 단서를 제공한 위대한 첫걸음이다. 계산기로 시작하여 컴퓨터로의 발전하고 인공지능 로봇까지 개발된 오늘날의 문명 속에는 참 거짓의 가장 간단한 논리가 자리하고 있다. 조지 불이 논리라는 수학에 스위치를 달아서 현대 문명을 실현 가능케 했다.

2. 컴퓨터 프로그램과 수학적 귀납법

수학적 귀납법은 삼각함수, 이자 계산과 함께 고등학생이 싫어하는 3대 수학 주제 중 하나다. 수학적 귀납법은 증명이어서 싫어하는데 게다가 증명이 길다. 증명에 사용되는 식은 복잡하기까지 하다. 수학적 귀납법을 피할 수 없을까?

수학적 귀납법을 사용해야 하는 경우는 정해져 있다. 자연수에 관한 명제의 증명인데 하나의 식으로 표현되어 있지만 각각의 자연수에 대하여 식이 하나씩 주어진 셈이다. 따라서 자연수 개수인 무한개의 식을 증명해야 한다. 개수가 무한개이니 각 자연수에 따른 식을 일일이 증명하는 것은 영원히 끝나지 않아 불가능하다. 지금까지 자연수에 관한 명제를 증명하는데 수학적 귀납법보다 더 좋은 방법은 알려지지 않았다. 앞으로도 새로운 방법이 생길 것 같지도 않다. 그런데 수학적 귀납법의 중요성은 자연수에 관한 명제의 증명에 그치지 않는다.

기업에서 연구를 진행하는데 문제 해결이 필요하다고 하자. 유한 단계로 문제가 해결된다면 연구는 끝이 난다. 문제 해결에 무한 단계가 필요하다고 하자. 실제로 이런 경우가 흔하다. 이때 문제 해결의 관건은 무한 단계가 어떤 규칙성을 갖는가 아닌가이다. 규칙성을 갖는다면 컴퓨터 프로그램 가능 여부가 결정적이다. 수학적 귀납법으로 증명되는 명제는 컴퓨터 프로그램이 가능하다. 잘 알려진 점화식이 프로그램에 사용된다.

수학적 귀납법을 적용할 수 있다면 컴퓨터의 도움으로 문제 해결이 가능하다. 따라서 연구를 진행할 때 우리에게 필요한 것은 마주한 문제가 수학적 귀납법을 적용할 수 있는지를 알아내는 능력이다. 컴퓨터가 점화식을 반복 사용하는 원리를 알면 수학적 귀납법은 쉽게 이해할 수 있다. 컴퓨터는 아직은 아주 단순한 원리만 수행할 수 있기에 수학적 귀납법의 원리가 어려울 리 없다. 원리만 알면 아주 쉬운 수학적 귀납법! 이제 원리를 알아보자.

2.1 수학적 귀납법의 뜻

수학적 귀납법이 필요한 이유를 알아보기 위해 두 학생의 대화를 살펴보자.

> 준호 : "슬비야 자연수를 1부터 100까지 차례로 더하면 얼마일까?"
> 슬비 : "그건 5050이야."
> 준호 : "어떻게 그렇게 빨리 계산할 수 있어?"
> 슬비 : "덧셈으로 계산하지 않았어." 난 1부터 100까지 차례로 더하는 대신 자연수 n에 대하여
>
> $$1+2+3+\cdots+n=\frac{n(n+1)}{2}$$
>
> 라는 식을 사용해서
>
> $$\frac{100(100+1)}{2}=5050$$
>
> 을 빨리 계산할 수 있었거든. 식을 사용하면 간단해!
> 준호 : "그런데

$$1+2+3+\cdots+n=\frac{n(n+1)}{2}$$

식이 정말 모든 자연수 n에 대해서 맞아?"

슬비 : "뭐 10까지도 더해 보고, 20까지도 차례대로 해봤는데 다 맞더라고." "그래서 나는 사용하고 있는데."

준호 : "작은 자연수에 대해 식이 성립하는지 확인해 보았지만, 정말 아주 큰 자연수에 일 때도 그 식이 성립하는지 확인해 본 건 아니네."

슬비 : "자연수 개수가 무한개인데 그걸 어떻게 다 확인할 수가 있냐?" "끝이 없는걸."

준호 : "난 모든 자연수에 n대하여

$$1+2+3+\cdots+n=\frac{n(n+1)}{2}$$

식이 성립하는지 정확히 알고 싶어."

조심할 필요가 있다.

우리는 조금 더 조심할 필요가 있다. 다음 예제를 살펴보자.

자연수 n에 대하여 $a_n=41+n^2-n$으로 정의된 수열에서 다음 명제 $P(n)$을 생각해보자.

$P(n)$: 자연수 n에 대하여 $a_n=41+n^2-n$은 소수이다.

이 식에 자연수를 차례로 대입해 각 항을 구해 보면

$a_1=41$

$a_2=43$

$a_3=47$

$a_4=53$

$a_5=61$

$a_6=71$

$a_7=83$

$a_8=97$

$a_9=113$

$a_{10}=131$

⋮

이고 모두 소수이다. 그렇다면 모든 자연수에 대하여 명제 $P(n)$은 참이 될까? 즉, 모든 자연수 n에 대하여 $a_n=41+n^2-n$은 소수라고 할 수 있을까? 쉬운 예로 $P(41)$을 보면 $n=41$일 때 $a_{41}=41+41^2-41=41^2$ 이므로 소수가 아니다. 이처럼 처음 여러 개의 자연수에 관해 명제가 참이라도 모든 자연수에 관해 참이라고 근거 없이 결론지을 수 없다.

수학적 귀납법이란 무얼까?

수학적 귀납법은 대충 말하면 증명하는 방법이다. 조금 더 자세히 이야기하면 단계별로 증명하는 방법이다. 몇 단계냐면 두 단계이다. 왜 두 단계로 증명하는 수학적 귀납법을 사용할까? 수학적 귀납법은 자연수에 관한 명제를 증명할 때 쓰는데, 자연수는 무한히 많으므로 자연수에 관한 명제를 일일이 증명할 수 없다.

도미노는 수학적 귀납법을 설명할 때 어김없이 등장한다. 도미노를 무한개 세워놓았다고 하더라도 두 가지 조건만 만족하면 모두 쓰러뜨릴 수 있다. 수학적 귀납법은 도미노에서 어느 하나를 쓰러뜨리면 그 다음 것도 쓰러지는데 모두를 쓰러뜨리려면 첫 번째 도미노를 쓰러뜨려야 하는 것과 이치가 같다. 도미노를 모두 쓰러뜨리려면 '첫 번째 것을 쓰러뜨린다.'라는 것과 '하나를 쓰러뜨리면 그다음 것도 쓰러진다.'라는 두 가지 조건은 수학적 귀납법에서도 그대로 필요하다.

수학적 귀납법은 자연수 n에 관하여 정의된 명제가 모든 n에 대하여 참 임을 다음 두 단계로 증명하는 방법이다.

단계1 자연수 n이 1일 때 명제가 참임을 증명한다.
단계2 자연수 n이 임의의 자연수 k일 때 명제가 참임을 가정하고 자연수 n이 $k+1$일 때 명제가 참임을 증명한다.

이 두 단계를 증명하면 모든 자연수에 대하여 명제가 참이다.

참고사항 : 어떤 특정 자연수 n_0이 주어지고 $n \geq n_0$인 자연수 n에 관하여 정의된 명제가 $n \geq n_0$인 모든 n에 관하여 참임을 증명할 경우는 다음을 증명한다.

단계1 자연수 n이 n_0일 때 명제가 참임을 증명한다.
단계2 자연수 n이 임의의 자연수 $k(k \geq n_0)$일 때 명제가 참임을 가정하고 자연수 n이 $k+1$일 때 명제가 참임을 증명한다.

그러면 $n \geq n_0$인 모든 자연수 n에 대하여 명제가 참이다.

수학적 귀납법의 이해를 위해 유사한 토론을 먼저 살펴보자.

다음 두 조건을 만족하는 집합 A를 구해 보자.

조건1 $1 \in A$
조건2 만일 $k \in A$이면 $k+1 \in A$이다.

풀이 **조건1**의해 $1 \in A$이다. **조건2**에 의하면 $1 \in A$이므로 $1+1 \in A$, 즉 $2 \in A$

이다. 이 결과에 **조건2**를 다시 적용하면 $2+1=3\in A$라는 사실을 얻게 된다. 여기서 **조건2**를 반복해 적용하면 $3+1=4\in A$, $4+1=5\in A$, …에서 알 수 있듯이 모든 자연수가 집합 A에 원소라는 사실을 얻을 수 있다.

자연수에 관한 명제를 자연수에 따라 $n=1$일 때를 첫 번째 명제를 $P(1)$이라고 하고 $n=k$일 때를 k번째 명제 $P(k)$라고 해보자. 수학적 귀납법에 따르면 먼저 첫 번째 명제 $P(1)$이 참이 됨을 증명한다. 그리고 k번째 명제인 $P(k)$가 참인지 거짓인지는 모르지만 만일 참이라고 가정하고 그다음 번째인 $k+1$번째 명제 $P(k+1)$가 참임을 증명한다.

이 둘을 조합하면 첫 번째 명제가 참임을 증명했으므로 그다음 번째인 두 번째 명제 역시 참이 된다. 이 결과를 수학적 귀납법의 **단계2**를 반복해 이용하면 두 번째 명제가 참이므로 세 번째 명제도 참이라는 결론을 얻는다. 이와 같은 과정을 계속 되풀이하면 차례대로 모든 자연수에 대하여 명제가 참이라는 사실을 알 수 있다.

다음은 수학적 귀납법으로 증명 가능한 식들이다. 각자 증명하여보아라.

자연수 n에 대하여

$$1+2+3+\cdots+n=\frac{n(n+1)}{2}$$

$$1^2+2^2+3^2+\cdots+n^2=\frac{n(n+1)(2n+1)}{6}$$

$$1^3+2^3+3^3+\cdots+n^3=\left\{\frac{n(n+1)}{2}\right\}^2$$

$$1^4+2^4+3^4+\cdots+n^4=\frac{n(n+1)(2n+1)(3n^2+3n-1)}{30}$$

$$a+ar+ar^2+\cdots+ar^{n-1}=\frac{a(1-r^n)}{1-r}, \ r\neq 1$$

이 성립한다.

2.2 복잡한 식 속에 숨은 쉬운 원리! 수학적 귀납법

원리를 알고도 수학적 귀납법이 어려울까? 아래 예는 독자들이 원리를 알고도 수학적 귀납법이 이해하기 어려운지 읽어보길 바라며 제시한 예이다.

모든 자연수 n에 대하여
$$1+3+5+\cdots+(2n-1)=n^2 \qquad \cdots ①$$
임을 증명해라.

―| 증명 |―

단계1 $n=1$일 때 좌변=1, 우변=$1^2=1$이므로 명제 ①은 참이다.

단계2 $n=k$일 때 명제 ①이 참이라고 가정하자, 즉
$$1+3+5+\cdots+(2k-1)=k^2 \qquad \cdots ②$$
이 성립한다고 가정하자. 그러면,
$$1+3+5+\cdots+(2k-1)+\{2(k+1)-1\}$$
$$=(k+1)^2 \qquad \cdots ③$$
임을 증명해야 한다. ② 식을 이용하면 ③ 식의 좌변은
$$1+3+5+\cdots+(2k-1)+\{2(k+1)-1\}$$
$$=1+3+5+\cdots+(2k-1)+(2k+1)$$
$$=k^2+(2k+1) \ (\text{가정 ②에 의하여})$$
$$=(k+1)^2$$

이므로 우변과 같다. 따라서 명제 ①은 $n=k+1$일 때도 참이다. 그러므로 수학적 귀납법에 따라서 명제 ①은 모든 자연수 n에 대하여 참이다.

이번에는 부등식으로 표현되는 자연수에 관한 예제를 살펴보자.

모든 자연수 n에 대하여
$$2^n > n$$
임을 증명해라.

─| 증명 |─

단계1 $2^1 = 2 > 1$이므로 $n=1$일 때 명제 $2^n > n$는 참이다.

단계2 임의의 자연수 k에 대해
$$2^k > k$$
가 참이라고 가정하자. 그러면
$$2^{k+1} = 2^k \cdot 2 > k \cdot 2 = k+k \geq k+1$$
즉
$$2^{k+1} > k+1$$
이다. 그러므로 $n=k+1$일 때도 명제는 참이다. 그러므로 수학적 귀납법에 따라서 모든 자연수 n에 대하여 명제 $2^n > n$는 참이다.

다른 경우의 예제 하나 더 살펴보자.

$n \geq 2$인 모든 자연수에 대하여, 만일 $h > 0$이면
$$(1+h)^n > 1 + nh$$

임을 증명해라.

---|증명|---

명제 $(1+h)^n > 1+nh$는 $n \geq 2$인 자연수에 대하여 성립하므로 단계1 에서 n이 1일 때가 아니라 2일 때 증명해야 한다.

단계1 $(1+h)^2 = 1+2h+h^2 > 1+2h$ ($h^2 > 0$이므로)

이므로 n이 2일 때 $(1+h)^n > 1+nh$는 성립한다.

단계2 $k \geq 2$인 임의의 자연수 k에 대하여
$(1+h)^k > 1+kh$
이 성립한다고 가정하자.
$(1+h)^{k+1} = (1+h)(1+h)^k$
$> (1+h)(1+kh)$ (가정에 의해)
$= 1+(k+1)h+kh^2$
$> 1+(k+1)h$ ($kh^2 > 0$이므로)

이므로 $n=k+1$일 때도 $(1+h)^n > 1+nh$는 성립한다. 그러므로 수학적 귀납법에 따라서 식 $(1+h)^n > 1+nh$는 $n \geq 2$인 모든 자연수에 대하여 성립한다.

2.3 틀린 곳 찾기

아래 제시된 풀이는 한 학생 답지를 옮겨 적은 것이다. 학생들이 수학적 귀납법을 이용한 증명에서 흔히 범하기 쉬운 오류가 들어 있다. 오류를 찾고 바르게 고쳐 보아라. 원리를 알고 오류를 보면 황당하기 그지없다.

자연수 n에 관한 명제

$$\frac{1}{1\cdot 3}+\frac{1}{3\cdot 5}+\frac{1}{5\cdot 7}+\cdots+\frac{1}{(2n-1)\cdot(2n+1)}=\frac{n}{2n+1}$$

에 대한 한 학생의 증명이다. 틀린 부분을 찾아보아라.

[예제] 모든 자연수 n에 대하여

$$\frac{1}{1\cdot 3}+\frac{1}{3\cdot 5}+\frac{1}{5\cdot 7}+\cdots+\frac{1}{(2n-1)\cdot(2n+1)}$$
$$=\frac{n}{2n+1} \quad\cdots ①$$

임을 증명해라.

[증명]

단계 1 $n=1$일 때

$$\frac{1}{1\cdot 3}=\frac{1}{2\cdot 1+1}$$

이므로

$$\frac{1}{1\cdot 3}+\frac{1}{3\cdot 5}+\frac{1}{5\cdot 7}+\cdots+\frac{1}{(2n-1)\cdot(2n+1)}$$
$$=\frac{n}{2n+1}$$는 성립한다.

단계 2 $n=k$일 때

$$\frac{1}{1\cdot 3}+\frac{1}{3\cdot 5}+\frac{1}{5\cdot 7}+\cdots+\frac{1}{(2k-1)\cdot(2k+1)}$$
$$=\frac{k}{2k+1}$$

이 성립한다고 가정하자. 그러면

$$\frac{1}{1\cdot 3}+\frac{1}{3\cdot 5}+\frac{1}{5\cdot 7}+\cdots+\frac{1}{(2k+1)\cdot(2k+3)}$$

$$=\frac{k}{2k+1}+\frac{1}{(2k+1)\cdot(2k+3)}=\frac{k+1}{2k+3}$$

이므로 모든 자연수 n에 대하여 식 ①은 성립한다.

옳은 풀이 **단계1**에서 $n=1$일 때 좌변이 $\frac{1}{1\cdot 3}$이고 이는 $n=1$일 때 우변 $\frac{1}{2\cdot 1+1}$과 같음을 보여야 하는데 ① 식의 n에 1을 대입만 한 것으로 보인다. 즉 **단계1**의 증명에서 $\frac{1}{1\cdot 3}=\frac{1}{2\cdot 1+1}$는 식을 증명해야 하는데 증명을 한 것이 아니라 이용했다.

단계1의 옳은 증명

$$좌변=\frac{1}{1\cdot 3}=\frac{1}{3}$$
$$우변=\frac{1}{2\cdot 1+1}=\frac{1}{3}$$

이므로

$$\frac{1}{1\cdot 3}=\frac{1}{2\cdot 1+1}$$

이다.

단계2의 증명에서

$$\frac{1}{1\cdot 3}+\frac{1}{3\cdot 5}+\frac{1}{5\cdot 7}+\cdots+\frac{1}{(2k+1)\cdot(2k+3)}$$
$$=\frac{k}{2k+1}+\frac{1}{(2k+1)\cdot(2k+3)}$$

부분은 틀렸다고 할 수는 없으나

$$\frac{1}{1\cdot 3}+\frac{1}{3\cdot 5}+\frac{1}{5\cdot 7}+\cdots$$
$$+\frac{2}{(2k+1)\cdot(2k+1)}+\frac{1}{\{2(k+1)-1\}\cdot\{2(k+1)+1\}}$$
$$=\frac{k}{2k+1}+\frac{1}{\{2(k+1)-1\}\cdot\{2(k+1)+1\}}$$

으로, 좌변에 k번째 항을 표현하고 $(k+1)$번째 항을 k번째 항과 같은 형태로 표현하고, 이 증명의 마지막 등식 $\dfrac{k+1}{2k+3}$도 ① 식의 우변 n이 $(k+1)$일 때의 식 $\dfrac{k+1}{2(k+1)+1}$로 표현하는 것이 더 정확한 표현이라 할 수 있다. 물론 단계2 에서 계산 과정이 너무 생략돼 있다.

또 단계1 과 단계2, 두 단계만을 보이면 모든 자연수에 대하여 명제가 성립한다는 것이 수학적 귀납법이므로 증명의 맨 아래 줄에도 "수학적 귀납법에 따라서"라는 인용이 필요하다.

3. 내가 대진표를 짜야 한다면

TV의 오락 프로그램이나 스포츠는 개인 또는 팀 경기를 통해 대회를 치른다. 이때 상황에 맞는 대진표를 짜는 것이 대회의 성패를 가늠케 한다. 가끔 TV의 오락 프로그램에서 불공정한 대진으로 인해 억울한 탈락자가 생기기도 하는데, 이는 바로 프로그램의 시청률로 연결된다. 올림픽 등 국제적인 경기도 대진 방식을 이해하고 보면 흥미가 더해지기도 한다. 어떻게 하면 대진표를 잘 짤 수 있을까?

대회의 대진 방식을 결정하는 데는 경기 종목, 대회 기간, 공정성, 흥행 등 여러 요인이 있다. 오락 프로에서 대진 방식은 스포츠에서와 같다. 여기서는 스포츠 경기로 대진 방식을 설명하기로 한다.

대회의 경기방식은 대표적으로 토너먼트(맞붙기), 리그(돌려 붙기)와 이를 혼합한 방식이 있다. 토너먼트의 경우 두 팀이 경기해 승리한 팀은 다음 라운드로 진출하고, 패배한 팀은 탈락하는 방식이다. 대회 기간이 비교적 짧은 경우 이 방식을 선택하게 된다. 토너먼트와 대조되는 리그전은 출전한 팀이 모두 겨루는 방식이다. 비교적 대회 기간이 길다.

3.1 토너먼트(맞붙기)

토너먼트의 대표적 특징은 대진에서는 진 팀은 탈락하고 이긴 팀은 다음 회전(라운드)에 진출한다. 토너먼트 방식의 대회진행 장점은 짧은 기간 높은 관심과 흥미를 이끄는 데 있다. 한 번 지면 탈락이므로 선수나 응원하는 사람 모두 최선을 다하고 매 경기 집중 한다.

토너먼트로 대회를 진행하려면 대진표를 결정해야 한다. 대진표는 출전팀 수에 따라서 결정된다. 출전팀 수에 따른 대진표 짜는 방법부터 살펴보자. 먼저 출전팀이 세 팀 또는 네 팀일 때 토너먼트 대진표를 살펴보자.

출전팀이 세 팀일 때

토너먼트로 대회를 치르는 경우 출전팀의 수와 상관없이 마지막에는 두 팀 사이의 경기를 하는데 이 경기를 결승전이라고 한다. 결승전에서 이긴 팀을 우승팀 진 팀을 준우승팀이라고 한다. 부전승이란 추첨이나 상대의 기권으로 경기를 치르지 않고 경기에서 이긴 것으로 여기는 승리다.

출전팀이 세 팀일 때 토너먼트로 대회를 하면 한 팀은 부전승으로 결승에 먼저 올라가고 나머지 두 팀끼리 경기해 승리한 팀이 부전승팀과 결승 경기를 해 우승팀을 가린다. 부전승팀을 결정하는 방법은 두 가지가 있다. 세 팀 중 우선권이 주어질 팀이 없는 경우 부전승팀은 추첨으로 결정한다. 세 팀이 토너먼트 경기하기 전에 순위가 있는 경우는 1위 팀을 부전승 팀으로 한다.

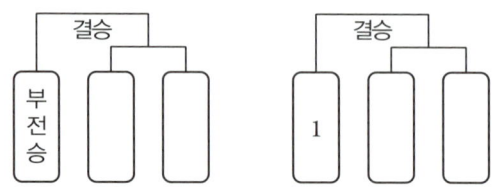

출전팀이 네 팀일 때

두 팀씩 경기해 승리한 두 팀이 결승에 올라가고 진 팀들은 탈락한다. 결승에 올라갈 두 팀을 결정하는 두 경기를 준결승전이라고 한다. 3위와 4위를 결정할 필요가 있는 경우 준결승전에서 탈락한 두 팀이 경기해서 이긴 팀이 3위 진 팀을 4위로 결정한다. 네 팀의 순위가 주어지지 않는 경우는 추첨으로 대진표의 자리를 결정한다. 네 팀에 순위가 주어지면 1위와 4위 팀 그리고 2위와 3위 팀이 각각 준결승 경기를 갖는다.

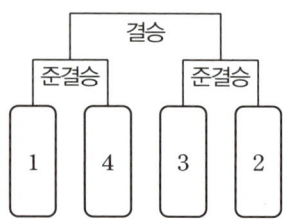

출전팀이 5팀 이상 8팀 이하일 때

출전팀이 8팀일 경우는 좌우가 대칭인 대진표가 그림처럼 작성한다.

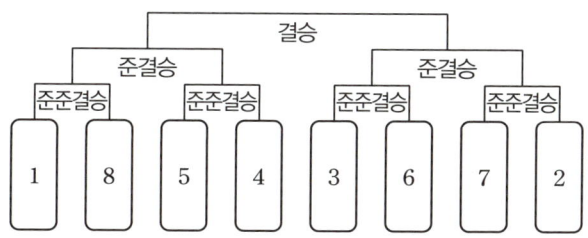

만일 8팀에 순위가 1위부터 8위까지 주어졌다면 상위 팀이 그 순위만큼 혜택이 가도록 대진표를 짠다. 물론 8팀 간에 순위가 주어지지 않았다면 추첨으로 대진을 결정한다. 위 대진표는 순위가 주어졌을 경우의 대진표이다. 준결승전을 치를 네 팀을 결정하는 네 경기를 준준결승 또는 8강전이라고 한다. 준준결승을 치르는 8팀을 8강이라고 한다.

만일 출전팀이 7이면 위의 8강 대진표에서 8번 자리를 제거하고 1번 팀을 부전승으로 한다.

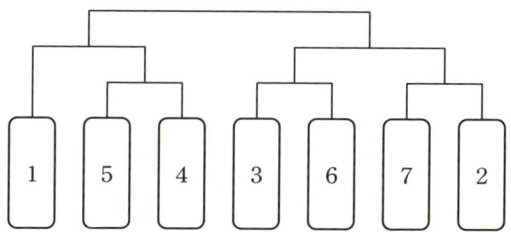

만일 출전팀이 6이면 8강 대진표에서 8번과 7번을 제거해 1번과 2번을 부전승팀으로 한다.

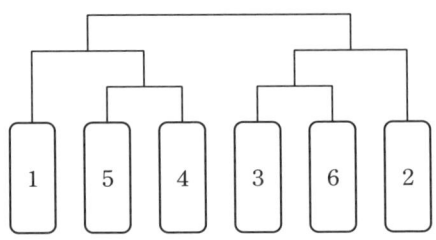

만일 출전팀이 5이면 8강 대진표에서 8번, 7번, 6번을 제거해 1번, 2번 3번을 부전승팀으로 한다.

출전팀이 5팀인 8강 대진에서 1순위 팀이 2순위 팀이나 3순위 팀보다 유리한 이유가 있다. 아래 대진표에서 알 수 있듯이 1순위 상대인 4순위와 5순위 팀은 1순위 팀보다 한 경기를 더 치러 상대적으로 불리한 만큼 1순위 팀이 유리하다. 반면에 2위 팀과 3위 팀은 동등한 조건에서 경기를 치른다.

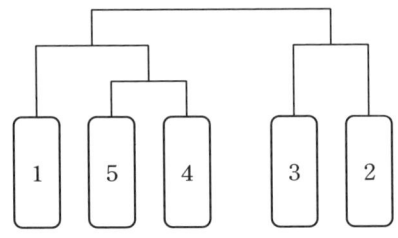

팀의 수가 16개 일 때

팀의 수가 16개이면 8강 대진표 두 개를 이용해 16강 대진표를 작성한다. 다음 대진표는 순위가 주어졌을 때의 16강 대진표이다.

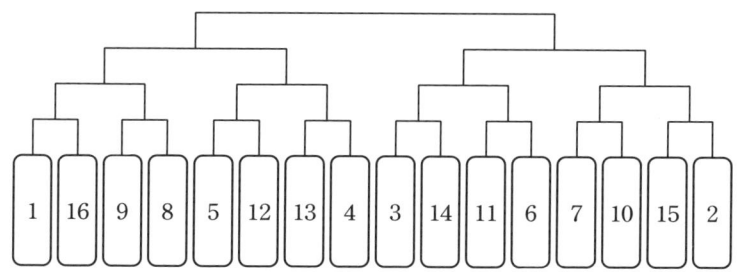

팀의 수가 9개 이상 15개 이하이면 부전승 팀을 결정해야 한다. 이때 부전승 팀의 수는

부전승팀 수=16-출전팀 수

부전승 팀의 결정은 위의 16강 대진표에서 부전승 팀의 수만큼 상위 순위 팀으로 정한다. 예를 들어 15팀이 출전해 부전승이 한 팀이면 16위 자리를 제거해 1위 팀을 부전승 팀으로 정한다. 출전팀의 수가 13인 경우 부전승이 3팀이다. 이때 위의 16강 대진표에서 16위, 15위 그리고 14위를 제거해 1위, 2위, 3위 팀을 부전승팀으로 정한다. 출전팀이 13개인 경우는 부전승팀의 수가 3이므로 1회전 경기가 5경기가 된다.

토너먼트에서 1회전이란?

그림과 같이 16강 대진표가 있다고 하자. 앞서 결승, 준결승(4강전), 준준결승(8강전)을 설명했다. 이 대진표의 경우 16강전을 1회전이라고 부른다. 1회전이 끝나면 8팀이 남는다. 이 8팀의 경기를 8강전, 2회전 또는 준준결승이라고 한다.

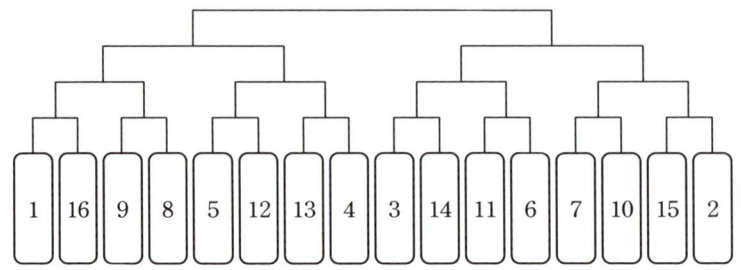

출전팀의 수가 64일 때 64강 경기를 1회전, 32강 경기를 2회전이라고 한다. 토너먼트로 진행되는 대회에서 3회전이라는 용어는 거의 사용하지 않는다. 따라서 3회전에 해당하는 경기를 16강전이라고 한다. 64팀의 경우 차례로 1회전, 2회전, 16강전, 8강전 또는 준준결승, 4강전 또는 준결승, 결승전이 있다.

부전승팀의 수와 대회 경기 수

토너먼트 경기에서 대회 출전팀의 수가 2^n(n은 자연수)이면 부전승 팀은 발생하지 않는다. 따라서 2팀, 4팀, 8팀, 16팀, 32팀, 64팀, …이면 부전승팀은 없다. k를 자연수라고 하자. 대회 출전팀의 수가 k이면 k 이상인 최소 2^n(n은 자연수)를 찾아서
$$2^n - k$$
가 부전승팀의 수이다. 예를 들어 어느 전국 고교야구대회의 경우 출전팀의 수가 41이다. 이때 41 이상 최소 2^n은 64이다. 따라서 이 경우의 부전승팀은
$$64 - 41 = 23$$
이다. 이 대회에서 23개 팀은 1회전을 치르지 않고 바로 2회전에 진출하고 41팀 중 부전승 23개 팀을 제외한 18팀이 1회전을 치러 그중 승

리한 9개 팀이 2회전에 진출하게 된다. 따라서 부전승 23개 팀과 1회전 승리 팀 9개를 더해 32개 팀이 2회전 경기를 갖는다.

토너먼트 경기에서 대회 전체의 경기 수

토너먼트 경기에서 대회 전체의 경기 수는
$$경기\ 수 = 출전팀의\ 수 - 1$$
이다. 따라서 위의 예에서처럼 출전팀의 수가 41이면 이 대회를 치르는 데 필요한 경기 수는 40이다. 토너먼트 경기에서는 한 경기를 치를 때마다 한 팀씩 탈락한다. 따라서 최종 우승팀을 결정하려면 팀의 수보다 하나 적은 수의 경기가 필요하다. 물론 준결승에서 탈락한 두 팀 간 3위 결정전을 할 경우, 대회를 끝내는데 필요한 경기 수는 출전팀의 수와 같다.

경기 순서의 결정

토너먼트로 대회를 진행할 때 모든 경기를 한 장소에서 치르는 경우가 대부분이다. 이때 경기 순서도 합리적으로 정해야 출전팀에게 공평한 우승 기회가 주어진다. 각 팀의 관점에서 보면 한 경기를 치르고 다음 경기까지 휴식일이 상대 팀보다 길어야 유리하다. 따라서 대전 순서는 상위 순위 팀이 유리하도록 정해야 한다. 8강 대진표에서 8강 경기 중 첫 경기는 1위와 8위 팀, 두 번째 경기는 2위와 7위 팀, 세 번째 경기는 3위와 6위 팀 그리고 네 번째 경기는 4위와 5위 팀이다. 8강 대진표에서 4강 경기 중 첫 경기는 1위와 8위의 승자와 4위와 5위의 승자 대결을 먼저 한다. 따라서 경기 순서는 상위 팀이 포함된 경기를 먼저 하는 순으로 1회전을 치른다.

토너먼트의 장점과 관전 포인트

토너먼트 경기방식을 녹다운 또는 녹아웃이라고도 부르는데, 경기를 한 번 지는 팀은 대회에서 탈락하기 때문에 붙여진 이름이다. 선수나 응원자에게 긴장과 흥미를 고조시키는 장점이 있는 반면에 강팀이나 인기 팀이 한 번의 경기를 지면 바로 탈락하고 약팀이 우승하게 되는 경우가 발생하기도 한다.

토너먼트 방식의 대진에서는 의외의 결과가 자주 일어난다. 특히 1회전에서 예상 밖의 경기 결과가 자주 발생하는데 여기에는 그럴만한 이유가 있다. 토너먼트로 대회에서 각 팀은 빡빡한 일정을 소화해야 한다. 최상의 경기력을 갖춘 선수를 매 경기에 출전시키면 잦은 경기로 체력이 고갈되어 우승이 어렵다. 강팀은 우승을 위해 선수의 체력 안배를 고려하여 출전 선수를 정한다. 약팀의 입장은 다르다. 대회 1승이 목표다. 2회전에 대한 고려 없이 대회 첫 경기에 전력을 다한다. 토너먼트 1회전에서 의외의 결과가 자주 나오는 이유다.

토너먼트 방식의 대회에서는 매 경기가 결승이나 마찬가지다. 강팀으로서는 1회전이 가장 큰 고비일 수도 있다. 2회전 상대가 강팀을 이기고 올라온 약팀이라면 손쉬운 승리가 예상된다. 토너먼트 대진표가 발표되면 1회전 상대만 보지 않고 2회전 상대가 예상되는 팀의 1회전 상대팀에게도 관심이 가는 이유이다.

3.2 리그(돌려 붙기)

리그는 두 가지 뜻이 있다. 하나는 경기방식을 의미하고 다른 하나는 여러 팀이 서로 경기를 하기 위해 만들어진 단체를 의미한다. 이 단원에서 말하는 리그란 여러 팀이 일정한 기간에 서로 같은 횟수만큼 시합해 그 성적에 따라 순위를 결정하는 경기방식이다. 토너먼트에서는 지는 팀은 탈락한다. 반면에 리그 방식은 경기의 승패와 관계없이 예정된 경기를 모두 치른다.

리그로 경기를 하는 경우는 대회라고 하기보다는 시즌이라고 한다. 인기 스포츠의 경우 짧은 기간 이벤트성 한 대회를 치르는 것이 아니라 여러 달에 걸쳐서 계속 경기를 한다. 프로 야구, 프로 축구, 프로 농구, 프로 배구처럼 대부분의 프로 스포츠 경기의 정규시즌은 이 리그전 방식을 채택하고 있다.

리그전에서의 경기 수

예를 들자. A, B, C, D 네 팀이 리그 방식으로 한 번씩 경기를 마치는데 필요한 경기 수를 알아보자. 각 팀은 나머지 세 팀과 한 번씩 경기를 갖는다. 총 네 팀이므로 $3 \times 4 = 12$ 경기가 되는데 이렇게 따지면 두 팀 사이에 두 번씩 경기를 갖는 것으로 계산한 셈이다. 따라서 경기 수는 $\frac{3 \times 4}{2} = 6$이다. 경기를 나열하여 세어 보자. A, B 사이의 경기를 AB로 나타내자.

팀 A는 B, C, D와 세 경기 AB, AC, AD를 가진다.
팀 B는 A, C, D와 세 경기 BA, BC, BD를 가진다.

팀 C는 A, B, D와 세 경기 CA, CB, CD를 가진다.

팀 D는 A, B, C와 세 경기 DA, DB, DC를 가진다.

위에서 보면 AB=BA, AC=CA, AD=DA, BC=CB, BD=DB, CD=DC이므로 총 6경기이다.

일반적으로 자연수 n에 대하여, n개 팀이 다른 팀과 경기를 한 번씩 모두 치르는 경기 수는 조합의 수

$$_nC_2 = \frac{n \cdot (n-1)}{2}$$

이다. 이를 이용하여 프로 야구 정규시즌을 전체 경기 수를 계산하여 보자.

현재 프로 야구는 10개 팀이 있다. 따라서 10개 팀이 다른 팀과 경기를 한 번씩 모두 치르는 경기 수는

$$_{10}C_2 = \frac{10 \cdot 9}{2} = 45$$

이다. 한 시즌을 끝내는데 필요한 경기 수를 계산하자.

현재 프로 야구에서는 한 시즌 동안 두 팀 간에 16번의 경기를 갖는다. 따라서 대회를 주관하는 야구 협회에서는 총

$$45 \times 16 = 720$$

경기를 치러야 한다.

이번에는 각 팀이 한 시즌을 치르려면 몇 번의 경기를 해야 하나 알아보자. 전체 팀의 수가 10이므로 한 팀이 자신을 제외한 다른 팀과 한 번씩 모두 경기를 치르려면 9번의 경기를 해야 한다. 그런데 두 팀 간에 한 시즌 동안 16번의 경기하므로

$9 \times 16 = 144$
번의 경기를 해야 한 시즌을 마치게 된다.

3.3 리그와 토너먼트의 혼합형

토너먼트는 단 한 경기로 다음 라운드 진출과 탈락이 결정되기 때문에 긴장감이 높아질 수밖에 없다. 단기간에 팬들의 관심을 끌 수 있다는 장점이 있는 반면에 단 한 경기만 실수해도 탈락할 수 있다는 단점이 있다. 대진 방식으로 인해 강팀이 초반 탈락하는 불합리한 결과를 얻기도 한다.

이러한 이유로 프로 스포츠에서 장기간 정규시즌은 리그로 진행하고 포스트 시즌은 토너먼트나 다른 방식으로 챔피언 결정전을 갖는다. 리그 방식으로 정규시즌을 치르면 팀 순위가 정해진다. 포스트 시즌은 정규시즌에서 상위 순위의 팀에게 유리한 혜택, 즉 어드벤테이지가 주어진다.

다음은 현재 우리나라 농구 리그인 KBL의 10팀이 정규리그를 거쳐 시즌에 상위 6개 팀이 포스트 시즌에 출전해 토너먼트로 챔피언을 결정하는 경기를 진행하는 대진표이다.

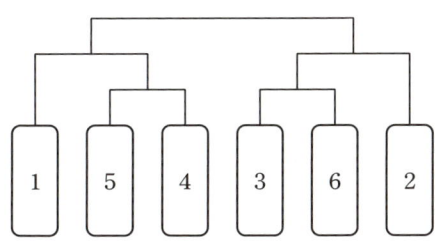

또 다른 방식의 포스트 시즌 방식을 알아보자. 국내 프로 야구의 10팀이 정규시즌을 끝내고 상위 5팀이 포스트 시즌에 진출한다. 먼저 5위 팀과 4위 팀이 대결해 승리한 팀이 3위 팀과 대결한다. 이 경기에서 이긴 팀은 2위 팀과 대결해 승자를 가린다. 이 경기에서 이긴 팀이 1위 팀과 챔피언 결정전을 갖는다. 이 대결방식은 볼링 경기에서도 자주 시행된다. 순위 결정을 위해 예선 경기를 갖는다. 볼링 대회 예선은 각자 플레이를 해 선수가 얻은 점수로 출전 선수의 순위를 정한다.

리그와 토너먼트를 혼합한 대회 방식은 올림픽과 같은 국제 경기의 구기 종목에서 쉽게 볼 수 있다. 짧은 기간 대회를 진행하기 때문에 기간이 오래 걸리는 리그 방식으로 대회를 치르기가 어렵다. 토너먼트로 진행하면 참가국의 절반이 단 한 경기를 치르고 귀국해야 한다. 이를 보완하고자 출전팀을 여러 조로 나누어 예선 리그로 결선 토너먼트에 진출하는 팀을 결정한다. 지구상에서 가장 큰 스포츠 축제인 월드컵 축구가 이 방식으로 대회를 진행한다. 월드컵 축구 대회의 진행 방식에 대하여 알아보자. 이 대전 방식은 대회 흥행에 초점이 맞춰져 있다.

3.4 흥미를 일으키는 월드컵 대진 방식

축구는 지구상에서 가장 인기 있는 스포츠라는 사실은 부인하기 어렵다. 4년마다 열리는 대회인 월드컵 축구 대회는 세계인의 최대 스포츠 축제이다. 경제적 규모도 어마어마한 월드컵 축제는 수개월에 걸친 대회진행은 어렵다. 월드컵 축구 대회에 출전하는 축구 선수는 소속 구단으로부터 높은 연봉을 받는 프로 구단 선수다. 이런 이유로 소속 팀 경기가 아닌 국가 대표팀 경기인 월드컵은 짧은 기간 대회를 치러야 한다.

짧은 기간 대회를 치르려면 토너먼트가 적당한데 이는 강팀이 단 한 번의 패배로 초반에 탈락하는 위험성이 높은 대회 방식이다. 높은 수준의 경기력을 보여주는 세계 강호가 초반 탈락하면 대회 열기는 식어버린다. 그런데 세계 강호일수록 대회 초반 어려움을 겪는 사정이 있다. 월드컵 대회 본선에 출전하는 나라는 각기 다른 소속팀에서 활동하는 우수한 선수들을 모아서 대표팀 선수 구성을 한다. 이들은 소속이 달라서 함께 훈련하고 경기를 치르지 않았기에 축구팀 경기력에 매우 중요한 팀워크가 부족하다. 비교적 약체인 국가가 자국 리그 소속 선수들을 일찍 소집하여 팀 훈련을 하는 것과 비교된다.

약팀과 강팀의 사정을 모두 고려한 예선 리그

월드컵 축구 대회는 세계적인 흥행을 위해 대륙별로 출전팀 수를 배정한다. 축구에 대한 인기는 높으나 실력은 부족한 아시아에도 실력에 비해 다소 많은 팀을 배정하는 이유다. 약팀은 월드컵 본선에서 단 1승을 거두기도 매우 어렵다. 월드컵 본선에 1986년 이래로 10회 연속 본선에 진출한 우리나라도 1954년 처음 출전하여 2002년 첫 승을 거두기까지 월드컵 1승에 50년 가까이 걸렸다.

만일 대회를 토너먼트로 진행하면 첫 경기에서 진 팀은 한 경기를 치르고 귀국해야 한다. 한 경기로 탈락한 국가 국민은 허탈감으로 대회 관심은 급격히 식어버린다. 약팀이든 강팀이든 단 한 경기로 탈락하는 위험성이 없는 예선 리그 방식을 택한다.

출전팀을 4팀씩 한 조로 묶어 조별 예선 리그를 치른다. 한 조를 4팀으로 구성한 이유에 대해서는 아래 예에서 자세히 설명한다. 각 조 4팀이 리그로 예선 경기를 하면 모든 팀은 똑같이 3경기를 하게 된다. 아무리 약한 팀도 최소 3경기를 보장하는 예선 리그다. 예선 리그 조 추첨은 포트 배정부터 시작한다. 포트 배정과 조 편성 역시 아래서 설명한다.

예선을 통과한 팀은 결선 토너먼트를 갖게 된다. 토너먼트 대진표는 추첨하는 것이 아니라 예선 리그에서 좋은 성적을 낸 국가가 유리하도록 예선 리그 전에 미리 짜 놓는다.

2002년 대한민국은 월드컵 4강에 올라 전국이 들썩였고 지금도 많은 국민의 기억에 남아있다. 우리나라의 월드컵 4강은 세계 축구인들을 놀라게 하기 충분했다. 그 이전에는 단 1승도 없어서 더욱 그렇다. 그런데 한국 축구의 팬이라면 2019년 역시 잊지 못할 해이다. 우리나라가 20세 월드컵인 U-20 대회에서 준우승을 차지했기 때문이다. 이 대회의 대진 방식은 성인 월드컵과 같다. 또 각 조를 4팀으로 구성한 이유를 잘 설명해 주는 경우는 FIFA 주관 2010년 남아공 월드컵에서 한국이 속한 B조의 중간 상황이다. 이들을 예로 흥미로운 월드컵 대진 방식을 자세히 살펴보자.

U-20 월드컵 진행 순서

U-20은 20세 이하 축구 선수로 구성된 축구 월드컵을 말한다.

1. 대륙별 지역 예선

대륙별로 지역 예선을 거쳐 24개국이 U-20 월드컵 본선에 진출한다.

2. 조 편성

각 대륙별 지역 예선을 통과한 24개 팀을 4개 팀씩 한 조로 묶어 6개 조로 나누어 조별 리그를 갖는다. 각 조의 이름은 A, B, C, D, E, F다. A조의 1번 자리는 대회 개최국을 배정한다. 나머지 23개국 중 실력이 상위 5위에 속하는 팀을 B, C, D, E, F조의 1번 자리에 배치한다. 이 팀들을 1번 포트라고 부른다. 남은 18개 팀 중 실력이 상위 6위에 속하는 팀을 2번 포트라고 부르며, 각 조 2번 자리에 추첨으로 배정한다. 남은 12개 팀 중 상위 6개 팀을 3번 포트라고 하며, 각 조 3번 자리에 추첨으로 배정한다. 나머지 6개 팀을 4번 포트라고 하며, 추첨해 각 조 4번 자리에 배정한다. 이렇게 조를 나눔으로써 각 조의 실력이 비슷하도록 나눈다.

자신의 국가가 1번 포트에 속하면 자국에 비해 상대적으로 약팀인 2번, 3번, 4번 포트에서 각 한 팀씩 4팀이 한 조를 이루어 예선 통과 확률이 높다. 반대로 자신의 국가가 4번 포트에 속하면 강팀과 같은 조를 이루게 되어 예선 통과 전망이 어둡다. 대진표 추첨에 앞서 포트 배정부터 흥미를 끄는 이유이다.

3. 조별 리그

각 조의 4팀은 예선 경기로 조별 리그 경기를 갖는다. 리그 경기이므로 각 팀은 3경기씩 조별 예선 경기를 치른다. 각 조의 상위 2팀 총 12팀은 16강 토너먼트에 진출한다. 각 조의 4위 여섯팀은 탈락한다. 6개 조의 3위 팀 6팀 중 승점이 높은 상위 4팀은 16강 토너먼트에 진출하고 하위 2팀은 탈락한다.

각 조 예선에서 순위를 결정하는 승점은 경기에서 승리하면 승점 3점, 비기면 1점, 지면 0점이다. 만일 승점이 같으면 골 득실 차(득점 수-실점 수)가 많은 팀을 상위 순위로 한다. 득실 차까지 같으면 팀의 득점 합계가 많은 팀을 상위 순위로 한다.

4. 16강 토너먼트

24개 출전팀 중 조별 예선 경기를 해 상위 16개 팀은 토너먼트에 진출하고 하위 8팀은 탈락해 고국으로 돌아간다. 각 조에서 상위 순위의 팀은 토너먼트에서 유리하도록 대진표를 작성한다.

토너먼트 대진표는 조별 리그를 시행하기 전에 아래 표와 같이 미리 작성한다. 이 대진표를 살펴보면 각 조 1위 한 팀은 다른 조 3위 또는 각 조 2위 팀 6팀 중 승점이 하위 순위 팀과 대결하도록 짜여있음을 알 수 있다. 따라서 각 팀은 예선 3경기에서 상위 2위에 들면 16강이 보장되지만 1위를 해야 16강 토너먼트에서 약팀과 만나도록 해 예선부터 최선을 다하도록 했다.

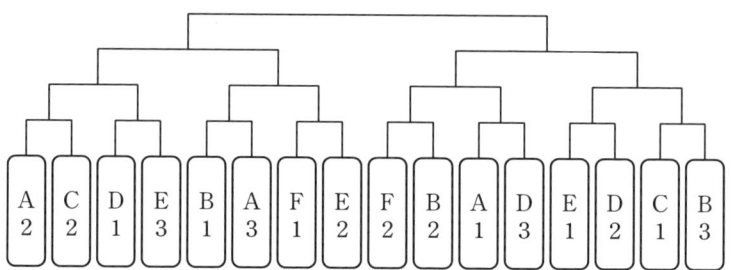

월드컵 대진 방식을 살펴보면 조별 리그를 통해 아무리 약팀이라도 최소 3경기 갖도록 했고, 토너먼트의 강팀 초반 탈락의 약점도 보완했다. 또 16강 토너먼트에서 조별 리그 상위 팀을 하위 팀과 경기를 갖도록 해 강팀이 대회에 오랜 기간 남아있도록 공정성과 대회 흥행을 고려했다.

월드컵 대진에서 한 조가 4팀인 이유

16강 진출 팀 결정을 위한 조별 리그에서 상위 팀은 다른 조의 하위 팀과 대결하므로 각 팀은 조별 예선부터 최선을 다해야 한다. 그런데 조별 리그 3경기를 모두 최선을 다하는 경우 체력이 소진돼 토너먼트의 1회전에서 탈락하는 경우가 발생한다. 따라서 각 팀에서는 상위 순위도 체력 안배도 모두 고려해야 한다. 체력 안배에 너무 신경을 쓰다 한 경기라도 삐끗하면 16강 진출을 못 할 수도 있다. 실제로 일어날 수 있는 경우를 살펴보자.

아래 표는 FIFA 주관 2010년 남아공 월드컵에서 한국이 속한 B조의 중간 상황이다. 각 팀은 2경기를 치르고 마지막 경기를 앞둔 상황이다.

순위	국가	승	무	패	득점	실점	득실 차	승점
1	아르헨티나	2			5	1	+4	6
2	대한민국	1		1	3	4	−1	3
3	그리스	1		1	2	3	−1	3
4	나이지리아			2	1	3	−2	0

마지막 두 경기는 동시에 진행하는데 대한민국은 아르헨티나와 그리스는 나이지리아와 경기를 남겨두고 있다. 16강 진출 경우의 수를 따져보자.

현재까지의 결과로 보면 2위인 대한민국이 강팀인 아르헨티나를 이기기는 어렵고 그리스는 약체인 나이지리아에 승리가 예상된다. 대한민국의 관점에서 여러 경우를 살펴보자. 대한민국은 현재 2위이긴 하나 아르헨티나에 지면 예선 탈락이 예상된다. 가능성은 희박하지만 아르헨티나에 큰 점수차로 이길 때 경우의 수를 따져보면 아직 예선 1위의 희망도 있다.

대한민국이 아르헨티나에 이기는 경우

한국과 아르헨티나 모두 2승 1패로 두 나라 승점은 6으로 같다. 다만 현재 아르헨티나가 대한민국에 골득실차가 5점이나 앞서 있기에 우리나라가 아르헨티나보다 낮은 순위가 예상된다. 우리나라가 아르헨티나에 이기고 그리스도 나이지리아에 이기는 경우 그리스 역시 2승 1패로 승점이 대한민국과 같아진다. 현재 대한민국과 그리스의 골득실차가 −1로 같으므로 그리스와 대한민국은 골득실차를 따져서 순위가 결정된다. 두 나라의 골득실차가 같은 경우는 득점순인데 현재 대한민국이 그리스에 1점 앞서있다. 따라서 우리가 아르헨티나를 이기더라도 그리스와 나이지리아의 결과에 따라서 2위 혹은 3위가 된다. 물론 가능성은 희박하지만 1위도 가능하다.

결론적으로 대한민국이 아르헨티나에 이기면 대한민국은 1위, 2위, 3위가 이론적으로는 모두 가능하다. 다만 현실적으로 득실 차 때문에 1위 가능성은 희박하고 2위나 3위 가능성이 크다. 2승 1패로 3위를 하면 승점이 6점이 돼 다른 조의 3위보다 승점이 높을 것으로 예상돼 16강 진출은 가능하리라 여겨진다. 3위로 진출하면 16강에서 다른 조의 1위와 대결을 해야 하는 부담이 있다.

대한민국이 아르헨티나와 비기는 경우

이 경우 아르헨티나는 2승 1무로 승점이 7점이 돼 그리스와 나이지리아 경기와 관계없이 아르헨티나의 1위는 확정이다. 대한민국은 승점 4점이다. 그리스가 나이지리아를 이기면 그리스는 2승 1패로 승점이 6점, 나이지리아는 승점 0점이 된다. 따라서 이 경우는 아르헨티나 1위, 그리스 2위, 대한민국 3위, 나이지리아 4위이다. 3위인 대한민국은 6개 조 3위 팀 중 승점이 높은 4개 팀에 속하면 16강에 진출한다. 승점 4점의 3위는 대게 16강에 진출하지만 다른 조의 1위와 16강 첫 경기를 치르게 돼 8강 진출 전망이 어둡다.

그리스가 나이지리아와 비기는 경우는 대한민국과 나이지리아 모두 승점이 4점으로 같고 득실 차도 −1로 같다. 따라서 팀 득점에 따라 대한민국은 2위 또는 3위가 된다. 2위면 무조건 16강 진출, 3위면 다른 조의 3위와 비교해 16강 진출과 탈락이 결정된다.

그리스가 나이지리아에 지는 경우는 그리스와 나이지리아 모두 1승 2패로 승점이 3점이다. 따라서 대한민국은 2위 확정으로 16강에 진출한다.

대한민국이 아르헨티나에 지는 경우

아르헨티나는 3승이므로 승점 9점으로 1위 확정이고 대한민국은 1승 2패가 돼 승점 3점이다.

그리스가 나이지리아를 이기면 그리스는 2승 1패로 승점이 6점이고 나이지리아는 승점 0점이다. 따라서 1위 아르헨티나, 2위 그리스, 3위 대한민국, 4위 나이지리아가 된다. 승점 3점으로 3위인 경우 16강 진출 가능성이 낮은 편이다.

그리스와 나이지리아와 비기면 그리스는 1승 1무 1패로 승점이 4점, 나이지리아는 1무 2패로 승점이 1점이다. 이 경우 역시 1위 아르헨티나, 2위 그리스, 3위 대한민국, 4위 나이지리아가 된다.

그리스가 나이지리아에 지는 경우는 대한민국, 그리스, 나이지리아 모두 1승 2패로 승점 3점이다. 이때는 골 득실 차에 따라서 2위, 3위, 4위가 결정되는데 현재 세 팀의 득실 차가 비슷하다. 나이지리아가 그리스를 이기는 경우 득실 차가 현재 -2에서 최소 -1이 된다. 반면에 대한민국과 그리스는 득실 차가 -1인데 마지막 경기에서 패하면 득실 차가 최대 -2가 된다. 따라서 나이지리아가 2위가 돼 16강에 진출하고 대한민국과 그리스가 득실 차에 따른 3위와 4위가 된다.

이상에서 살펴본 것처럼 현재 2패인 나이지리아도 2위로 16강 진출 가능성이 있다. 또 현재 2승으로 1위인 아르헨티나도 마지막 경기에서 큰 점수 차로 패하는 경우 3위가 될 수도 있다. 이렇게 끝까지 모든 가능성이 열려있는 것이 4팀 한 조의 묘미이다.

3.5 다양한 대진 방식

지금까지 살펴본 것처럼 대표적인 대진 방식은 토너먼트, 리그 그리고 이를 혼합한 방법이 있다. 그러나 상황에 따라서 다른 대진 방식으로 대회를 진행할 때도 있다.

볼링 경기 대진 방식

볼링 경기는 예선 경기를 해 각 선수의 점수로 순위를 결정한다. 예를 들어 예선 상위 5위까지 결선에 진출한다고 하자. 이때 결선은 5위 선수와 4위 선수가 대결해 승자가 3위와 대결한다. 3위의 경기에서 승자가 2위와 대결하고 여기서 이긴 자가 예선 1위와 챔피언 결정전을 갖는다.

따라서 예선에서 1위를 한 선수는 결선에서 단 한 경기만 이겨도 우승을 차지한다. 반면 예선에서 5위를 한 선수는 결선에서 4경기를 연속해서 이겨야만 대회에서 우승을 차지할 수 있다. 볼링의 결선 방식은 현재 프로 야구 포스트 시즌에서 시행되고 있다. 프로 야구의 경우 4위와 5위의 경기를 와일드카드 결정전이라고 한다. 와일드카드 결정전의 승자와 3위의 경기를 준플레이오프라고 한다. 준플레이오프 경기 승자와 2위의 경기를 플레이오프라고 한다. 플레이오프 승자와 1위의 경기를 챔피언 결정전이라고 한다.

강팀을 견제하기 위한 대진 방식

상황에 따라서 대진 방식이 바뀌는 종목도 있다. 대한민국은 양궁 강국이다. 양궁은 원래 점수로 승패를 결정한다. 예전에는 올림픽이나 세계선수권 대회에서의 예선과 결선에서 출전 선수가 각자 10발을 쏘고 합계 점수가 높은 순으로 우승자를 결정했다. 10발 중 한 발이나 두 발을 실수하더라도 실력이 있는 선수가 합계 점수가 높아서 한국 선수들이 양궁의 모든 종목을 우승하기도 했다.

한국 선수가 대회마다 거의 모든 종목의 우승을 독차지하는 현상이 계속되자 생각하지 못했던 문제가 발생했다. 대회 시작 전부터 우승자가 결정된 듯해 대회의 흥미가 떨어지고 한국을 제외한 다른 나라의 의욕이 꺾이는 현상이 발생한 것이다.

이를 보완하고자 결선에서 토너먼트 방식을 도입했다. 예선 상위 8명(대회에 따라 16명, 32명, 64명으로 결선을 치르기도 한다.)으로 토너먼트 대진표를 짜고 결선을 치른다. 결선 토너먼트 경기에서는 의외성을 높이고자 10발이 아닌 3발을 한 세트로 하는 세트제를 도입했다. 실제로 바뀐 대진 방식에서는 두 선수 사이 승부를 예측하기가 어려워 긴장감을 가지고 경기를 보게 되었다.

패자부활전

올림픽의 태권도, 유도, 레슬링 경기에서는 패자부활전을 병행해 토너먼트를 진행하기도 한다. 격투기 종목인 세 종목은 토너먼트로 경기를 진행한다. 대회 기간이 짧아서 토너먼트의 경기방식은 피하기 어렵다.

그런데 생각해 볼 점이 있다. 운동선수는 4년마다 열리는 올림픽에 참가해 메달을 따려고 4년간 오직 훈련에만 전념했다. 올림픽에 참가하여 첫 경기에서 진다면 지난 4년의 노력이 단 몇 분 사이에 허망하게 끝난다. 우승을 기대할 만큼 실력 좋은 선수가 첫판부터 최강자를 만나 탈락했다면 패배의 상실감은 물론 대회의 흥행과 공정성도 이야깃거리가 된다.

이를 보완하고자 패자부활전을 도입했다. 여기서 패자란 경기에서 진 선수이다. 경기에 진 모든 선수가 패자부활전에 참가하는 것은 아니다. 경기 종목마다 약간 다르긴 하지만 공통점은 결승 진출자에게 진 선수만 패자부활전에 참가할 수 있다는 것이다. 예를 들어보자.

아래 대진표에서 1번 선수는 차례로 16번 8번 4번 선수를 이기고 결승에 진출했고 3번 선수는 14번 6번 2번 선수를 이기고 결승에 올랐다고 하자. 이 경우 1번 선수와 3번 선수가 결승전을 해 승자가 금메달을, 패자가 은메달을 수상하게 된다. 그리고 동메달 결정을 위해 패자부활전을 치르게 된다. 1번 선수에게 첫 경기에서 진 16번 선수는 1번

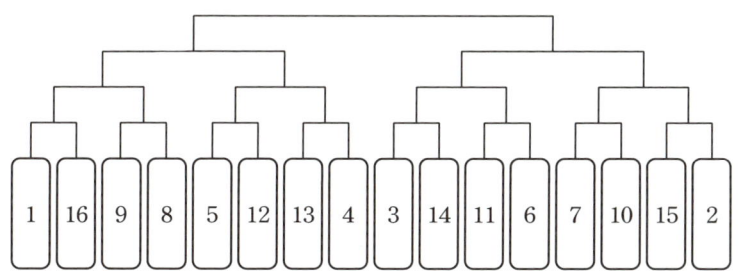

선수의 2번째 경기에서 진 8번 선수와 경기를 갖는다. 이 경기에서 승자는 1번 선수의 3번째 경기에서 진 4번 선수와 경기하여 승자가 동메달 결정전을 갖는다. 또 다른 동메달 결정전 선수는 3번 선수에게 진 선수 중 같은 방식으로 경기를 해서 결정한다.

이 경우 9번 선수는 한 경기만 졌을 뿐인데 대회를 마감해야 한다. 자신을 이긴 8번 선수가 다음 경기에서 졌기 때문이다. 9번 선수의 관점에서는 다음 경기에서 진 8번 선수조차 이기지 못했기에 한 경기만으로 대회를 마감하게 된다. 패자부활전이 있는 토너먼트 대회에서는 모든 경기에서 이긴 선수가 우승자로 금메달을 받는다. 마지막에 우승

자에게 패하고 이전 경기에서 모두 이긴 선수는 은메달, 우승자 또는 준우승자에게 결승이 아닌 경기에서 패하고 나머지 경기에서 모두 이긴 선수가 동메달을 받는다. 패자부활전이 없는 토너먼트보다 나름 합리적이다.

꼴찌 탈락 방식

우승자를 결정하는 방법 중 한 방법인 '꼴찌 탈락 방식'에 대하여 알아보자. 이는 선거 제도에서도 볼 수 있다. 올림픽 사격 종목은 이 방법으로 우승자를 결정한다.

다음 설명은 올림픽 사격 결선 방식의 한 예다. 올림픽의 사격 종목에 출전한 모든 선수는 예선 경기를 하여 1위부터 8위까지 결선에 진출한다. 결선 방식은 종목에 따라 조금씩 다르다. 결선 진출자 8명은 5발씩 2회 총 10발을 쏴서 합계 점수를 자신의 기본 점수로 한다. 이후 2발을 더 쏴서 총 12발의 합계 점수를 내어 8위는 탈락하고 7명은 남아서 계속 경기를 한다. 7명은 다시 2발을 더 쏴서 총 14발의 합계를 내어 꼴찌인 7위는 탈락하고 6위까지 살아남는다. 이를 계속해 매 두 발을 쏘고 합계를 내어 꼴찌는 탈락하고 남은 선수는 경기를 계속 이어나가 최종 1인이 우승자가 되는 경기방식이다.

선거를 하는 데 후보자가 많아서 여러 번 투표해도 과반수 득표자가 나오지 않을 때 '꼴찌 탈락 방식'은 합리적인 선거 방법으로 이용되기도 한다.

5장

수학의 세계 여행

대수학, 해석학, 기하학, 통계학이라는 용어는 고등학생 때 들어보았을 것이다. 기하학이나 통계학의 뜻은 정확하게 말할 수 있을는지 모르지만 적어도 이들 영역에서 어떤 주제를 배우는지는 알고 있다. 여기서는 대수학과 해석학의 뜻과 이들에 속한 수학 영역을 설명한다. 현실과 관계가 없는 듯 보이는 비유클리드 기하학이 현실적인 이유에서 탄생하게 됨을 간단한 예를 통해 설명했다. 통계학 분야에서는 정규분포가 일상생활에 활용될 수 있음을 이론과 함께 예를 들어 보였다.

또한 고등학교에서 배운 수학에 이어지는 수학에 대해 영역별로 간단하게 이야기해 궁금증을 해소하려고 했다. 수학에 관심이 있는 사람이라면 추상 수학이라는 용어는 들었을 것이다. 추상이란 수학에서 어떤 의미인지, 또 추상 수학은 어떻게 탄생하게 되었는지 현실과 연결해가며 예를 들어 설명했다.

1. 수학 영역의 의미

고대 수학자들은 철학자이며 수학자였다. 세월이 흐르며 철학과 수학은 분리되었다. 1600년대 후반까지만 해도 미분과 적분을 본격적으로 연구하던 학자들은 수학자이며 물리학자였다. 이후 수학과 물리는 분리되었다. 이처럼 수학의 분야는 시대 흐름에 따라서 여러 분야로 분화했다. 현재 고등학교 수학 영역을 해석학, 대수학, 기하학, 통계학으로 구별 짓기도 한다. 그러나 대학에서는 통계학과가 독립된 학과로 존재한다. 컴퓨터 과학이 수학에서 분화해 독립한 것처럼 통계학도 대학 교육에서는 이미 수학과 분리됐다.

수학에는 어떤 영역들이 있을까? 어떤 측면에서는 수학의 영역을 나누기가 쉽지 않을 때도 있고 기준이 모호한 영역들도 있다. 수학자가 논문을 쓰면 논문의 연구 주제가 어떤 영역인지 나타내는 영역 분류 기호를 논문의 첫 페이지에 적는다. 10년마다 미국 수학회에서 분류 기호를 새로 발표하는데 현재 이 분류에 따르면 수학을 세분한 영역은 약 4,000개다. 약 400개도 아니고 약 4,000개 정도니 수학의 분야가 얼마나 다양한지 짐작조차 쉽지 않다.

학생 시절 기하학이나 통계학의 사전적인 뜻은 모르더라도 어떤 내용을 배우는지는 알고 있었다. 그와 달리 해석학이나 대수학이 무엇인지는 알 수 없었다. 인터넷이 없던 시절 백과사전을 찾아보면 해석의 뜻은 있지만, 수학 분야의 해석학은 설명이 없었다. 대수학의 뜻을 찾아보아도 수학의 한 분야라는 짤막한 설명이 전부였다. 이 두 용어의 뜻을 알고자 하는 갈망은 사라지지 않았다.

미국의 한 대학 중앙도서실에서 영어판 대백과 사전을 발견하고 그 두께에 놀라 발걸음을 멈췄던 기억이 있다. 수십 권으로 나누어진 대백과 사전은 두께가 눈대중으로만 해도 4~5m는 되었다. 순간 오래된 기억이 번뜩 스쳐 지나갔다. 사전 한 권을 꺼내 해석학(analysis)을 찾기 시작했다. 그때 처음 알았다. 해석학이 의학 분야 용어로 많이 쓰인다는 것을. 수학 분야에 대한 설명을 찾으니 다음과 같은 설명이 있었.

'a part of mathematics'

그게 전부였다. 온몸에 힘이 쭉 빠졌다. 평생의 갈증이 해소되길 기대했는데 실망이 이만저만이 아니었다. 기대를 접고 혹시나 하는 마음에 다시 대수학(algebra)을 찾아보니 역시 해석학과 똑같이 한 줄도 안 되는 설명만 있었다. 그날 이후로 해석학과 대수학의 뜻을 찾는 것을 포기하고 스스로 알아내기로 했다.

1.1 수열과 해석학

해석학이 뭘까? 인간이 문제를 해결하고자 할 때 해석학적인 접근은 매우 자연스러운 행동이다. 간단한 컴퓨터 게임을 하나 생각하자. 표적지가 멀리 있고 화살을 쏴서 맞추는 게임이다. 활의 줄을 너무 힘껏 당겨 쏴 화살이 과녁을 넘어가면 다음에는 약하게 힘을 조절해서 다시 쏜다. 과녁의 오른쪽에 맞으면 다음에는 왼쪽으로 수정해 다시 시도한다. 여러 번 시도 하다 보면 최적화된 활시위로 표적을 향해 활을 쏜다. 이런 식으로 최적에 접근하는 방법이 해석학적 접근이다. 옛날 군대에서의 포 사격 연습 역시 해석학적 접근이다.

인간의 해석학적인 접근은 일상생활에서 흔히 볼 수 있다. 처음에는 요리를 잘하지 못해 음식 맛이 없는 경우가 흔하다. 세월이 지나면서 여러 번 요리하다 보면 음식 솜씨가 향상된다. 신경 써서 여러 번 하다 보면 조금씩 나아져 훌륭한 요리사가 되는 과정 역시 해석학적인 접근이다.

시행착오를 겪어가며 원하는 결과에 접근하는 방법이 해석학적인 접근인데, 인간이 오늘날 누리는 문명은 어느 한순간 이루어낸 결과가 아니라 오랜 기간 해석학적으로 발달시켜온 것이다. 그렇다면 고등학교 수학에서 가장 해석학적인 용어는 무엇일까? 먼저 $\sqrt{7}$의 근삿값을 해석학적으로 구하는 예를 보고 고등학교 수학 중 해석학 영역을 이야기하자.

$\sqrt{7}$의 뜻은 제곱해 7이 되는 0보다 큰 수이다. $\sqrt{7}$은 무리수이므로 유한소수로 표현할 수 없다. $\sqrt{7}$의 뜻을 이용하여 $\sqrt{7}$의 근삿값을 구하자.

$$2^2 < (\sqrt{7})^2 = 7 < 3^2$$

이므로 $\sqrt{7}$은 2와 3 사이에 존재한다. 즉 $2 < \sqrt{7} < 3$이다.

이번에는 2와 3의 중간인 $\frac{2+3}{2} = 2.5$를 제곱해 보자.

$$6.25 = 2.5^2 < (\sqrt{7})^2$$

이므로 2.5보다 $\sqrt{7}$이 크다. 따라서 $2.5 < \sqrt{7} < 3$이다.

이제 2.5와 3의 중간값 $\frac{2.5+3}{2} = 2.75$를 제곱하면 7.5625이다. 그러므로 $\sqrt{7} < 2.75$이다. 즉 $2.5 < \sqrt{7} < 2.75$이다. 2.5와 2.75의 중간값 $\frac{2.5+2.75}{2} = 2.625$를 제곱하면 $2.625^2 = 6.890625$이다. 그러므로

$$2.625 < \sqrt{7} < 2.75$$

이 과정을 계속 진행하면 할수록 $\sqrt{7}$의 참값에 점점 가까운 근삿값을 구할 수 있다.

만일 $\sqrt{7}$의 근삿값을 $\frac{2.625+2.75}{2} = 2.6875$라고 하면 이 값은 거리가

$$2.75 - 2.625 = 0.125$$

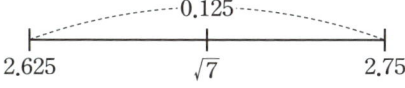

인 2.625와 2.75 사이의 값이다. 그러므로 $\sqrt{7} \approx 2.6875$는 오차 범위

가 0.125 미만이다. 이처럼 중간의 값을 택해 참값에 가까운 근삿값을 찾는 방법을 이분법이라고 한다. 이분법은 해석학적인 방법 중 한 방법이다.

이와 같은 방법은 번거롭긴 하지만 $\sqrt{7}$의 근삿값을 구하는 확실한 방법이다. 해석학적인 방법은 횟수를 더할수록 대체로 참값에 가까운 근삿값을 구할 수 있다.

이때 첫 번째 시도한 2를 첫째 항, 두 번째 시도한 3을 둘째 항, 세 번째 시도한 2.5를 세 번째 항이라고 하면 $\sqrt{7}$에 수렴하는 수열
$$a_1=2,\ a_2=3,\ a_3=2.5,\ a_4=2.75,\ a_5=2.625,\ \ldots$$
를 얻는다.

수열이 해석학적인 도구라고

그렇다. 해석학에서 가장 기본적인 개념이 수열이다. 수열에서 가장 중요한 점은 당연히 수열의 수렴 여부이다. 수렴하는 값을 극한값이라고 한다. 따라서 극한을 이용해 정의하는 미분과 적분은 모두 해석학의 영역에 속한다.

무한급수, 미분, 적분, 미분방정식, 푸리에 해석학, 복소해석학, 벡터 해석학, 함수해석학, 수치 해석학, 측도론 등이 해석학 영역이다. 우리가 많이 들어본 아날로그는 앞서 언급한 푸리에 해석학이다. 디지털 이론 역시 해석학 영역이다.

미적분학의 발달 후 급속하게 발전한 연구가 함수의 특성을 계산

하는 새로운 기술이다. 이전에 해결하지 못했던 미분방정식으로 표현된 역학 문제를 함수의 해석학적인 접근인 무한급수를 이용해 해를 찾았다.

다양한 해석학적 방법

$\sqrt{7}$의 근삿값을 $f(x)=x^2-7$의 그래프를 이용해 이분법이 아닌 다른 해석학적 방법으로 구해 보자. 이 방법은 뉴턴이 고안한 방법인데 이분법보다 훨씬 효율적이다.

단계1 $\sqrt{7}$에 가까운 임의의 값을 선택한다. 선택한 값이 근삿값으로 적당하면 멈추고 선택한 값을 근삿값으로 한다. 예를 들어보자.

$$x=3$$

을 선택하자. $3^2=9$로 7보다는 꽤 크다. 다음 단계로 3보다는 작고 $\sqrt{7}$에 가까운 값을 구해 보자.

단계2 그래프 위의 $x=3$인 점에서 그래프의 접선을 구해 x 절편값을 $\sqrt{7}$의 근삿값으로 한다.

$x=3$일 때 함숫값이 2이므로 점 (3, 2)가 함수 $f(x)=x^2-7$의 그래프 위의 점이다. 이제 점 (3, 2)에서 접선의 방정식을 구해 보자.

$$f'(3)=6$$

이므로 접선의 방정식은

$$y-2=6(x-3)$$

이다. 이 식의 x 절편값은 $\dfrac{8}{3}$

이고 $\left(\dfrac{8}{3}\right)^2 \approx 7.111\cdots$이다.

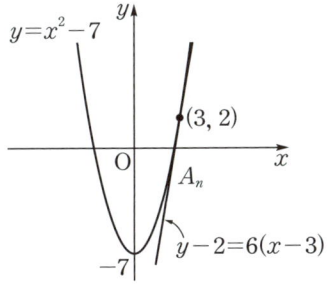

따라서 $\frac{8}{3}$은 $\sqrt{7}$에 비교적 가깝다.

단계2를 되풀이 해 $\sqrt{7}$에 $\frac{8}{3}$보다 좀 더 가까운 값을 구해 보자. $x=\frac{8}{3}$을 $f(x)=x^2-7$에 대입하면 $\frac{1}{9}$이다. 따라서 $x=\frac{8}{3}$일 때 그래프 위의 점은 $\left(\frac{8}{3}, \frac{1}{9}\right)$이다. 점 $\left(\frac{8}{3}, \frac{1}{9}\right)$에서 접선의 방정식을 구하면

$$y-\frac{1}{9}=\frac{16}{3}\left(x-\frac{8}{3}\right)$$

이다. 이 접선의 방정식의 x 절편값은 $\frac{127}{48}$이다.

$\left(\frac{127}{48}\right)^2 = 7.0004340278\cdots$이므로 $\frac{127}{48}$은 $\sqrt{7}$에 매우 가깝다. 이제 $\frac{127}{48}$을 $\sqrt{7}$의 근삿값으로 한다.

접선과 접선의 절편을 이용해 $\sqrt{7}$의 근삿값을 구하는 방법 역시 해석학적인 방법이다. 이 방법은 구하는 과정은 이분법에 비교하여 계산 과정은 복잡하여도 참값에 더 빨리 수렴하여 정밀한 근삿값을 구하는 데 유리하다.

1.2 근의 공식과 대수학

대수학이란? 인간은 살면서 여러 가지 문제를 만나고 해결한다. 어떤 영역이든 인간에게 매우 중요한데 해결이 쉽지 않은 문제들은 종종 수학의 영역으로 넘어온다. 이런 문제를 해결하기 위해 다양한 방법이 동원된다. 대수학적인 방법도 여러 가지 방법 중 한 방법이다.

그렇다면 대수학적인 방법이란 무엇일까? 해결하고 싶은 문제가 생기면 관찰을 통해 수학적인 모델을 만든다. 여기서 수학적인 모델이란 문제의 현상을 수학적으로 표현한 것을 의미하고, 흔히 x를 포함한 식으로 나타낸다. x 값을 구하는 것이 문제를 해결하는 것이다. 이 식에서 덧셈, 뺄셈, 곱셈, 나눗셈 등을 이용해 x의 값을 구하는 방법이 가장 기본적인 방법이라고 할 수 있다. 필요에 따라 앞서 언급한 사칙연산 이외에 제곱근 같은 다양한 연산을 사용하기도 한다.

수학의 영역에서 대수학적인 방법이라고 함은 연산을 이용해 문제를 해결하는 방법이다. 잘 알려진 이차방정식의 근의 공식 유도과정을 보면 연산만을 이용했음을 알 수 있다.

중학교와 고등학교에서 배우는 수와 식, 인수분해, 일차방정식을 포함한 여러 가지 방정식 단원 등이 대수학 영역이라고 할 수 있다. 대학교에서 배우는 대수학의 영역을 수학 전공자가 아닌 사람에게 설명하는 것은, 마치 초등학생에게 고등학교에서 배우는 방정식이 무엇인지 설명하는 만큼 어렵긴 하다.

대학교에서 배우는 대수학 영역에는 선형대수학, 현대대수학 등이 있다. 이 중 선형대수학에서 선형의 기하학적 의미는 직선이다. 따라서 선형대수학은 엄밀히 말하면 대수학적인 방법이 주를 이루지만 기하학적인 이해가 필요한 영역이다. 이처럼 수학 대부분 주제가 한 영역에 국한되지 않는다.

고등학생에게 대학에서 배우는 선형대수학을 고등학교에서 배우는 연립방정식의 연장이라고 설명할 수도 있겠다. 선형의 기하학적인 의미가 직선이라면 식으로의 의미는 일차식이다. 따라서 선형대수학에서는 일차식만을 다룬다. 중학교에서는 미지수가 2개인 일차 연립방정식을, 고등학교에서는 미지수가 3개인 일차 연립방정식을 공부하는 반면 대학의 선형대수학에서는 미지수의 개수 제한이 없다.

대학에서 배우는 선형대수학을 고등학생에게 연립방정식 풀이의 연장이라고 할 때 또 다른 차이가 있다. 고등학교 때까지는 한 쌍인 해를 찾는 데 초점을 둔다. 반면에 선형대수학에서는 해의 존재를 판별하고, 해가 존재한다면 한 쌍인지 무수히 많은지 판별해서 해가 무수히 많으면 해집합의 기하학적 의미를 찾는다. 연립방정식을 만족하는 해가 존재하지 않을 때는 최상의 선택인 최적의 해를 정의하고 찾는다. 그 이상의 내용에 대해서는 여기에서 소개하기가 무리가 있어 생략한다.

선형대수학의 활용범위는 다양하다. 자연과학의 다양한 영역은 물론 공학에서도 널리 쓰인다. 선형대수학에서 일차독립의 개념은 해석학의 아날로그나 디지털 이론에 쓰인다. 오늘날 선형대수학은 인문 사회과학, 경제학, 정보학, 암호학 등 그 쓰임이 매우 다양하다. 의학이나 생태학에도 선형대수학을 이용한 예도 있다. 사회과학 분야인 심리학과 경제학의 선형계획법이라는 분야에서 행렬과 선형대수를 사용한다.

사진을 교정하는 프로그램인 포토샵과 컴퓨터를 이용해 디자인하는 일러스트레이터라는 프로그램의 용어 또한 모두 선형대수학의 용어들이다. 포토샵이나 일러스트레이터는 선형대수학의 일차변환 개념만 사용해 실현한 컴퓨터 프로그램이다.

오늘날 선형대수학과는 차이가 있긴 하지만 바빌로니아와 중국에서도 고대부터 일차 연립방정식의 해법이 알려져 있다. 아홉 개의 장으로 구성된 중국 고대의 수학책인 〈구장산술〉에 방정이란 단원이 있다. 이 책의 8장인 '방정' 단원에는 고등학교 때 배운 미지수가 3개인 일차 연립방정식과 같은 것을 다루고 있으며 현재와 거의 같은 풀이 방법으로 풀고 있다.

1600년 대 일차 연립방정식의 해법과 관련된 선형대수학의 행렬식이 탄생했다. 미분과 적분으로 잘 알려진 라이프니츠가 1693년에 쓴 편지에 행렬식에 관한 내용이 있다고 한다. 하지만 그보다 명확한 것은 1750년에 크라머가 발견한 것이다. 앞서 이야기처럼 선형의 식으로서 의미는 일차식이다. 이런 면에서 페르마는 데카르트보다 먼저 곡선을 방정식으로 분류하는 것을 생각해 곡선과 그 차수(次數)의 관계를 조사했다. 이에 이어서 18세기의 해석기하학이 꽃피게 되었다고 볼 수 있으며, 해석기하학에는 선형성이 여러 형태로 관련돼 선형변환과 관련된 행렬식이 연구되었다.

수학의 거의 모든 영역에서와 마찬가지로 선형대수학 역시 구체적인 대상에서 출발해 추상화하면서 발전했다. 선형대수학에서 소개하는 벡터의 일차독립은 기본적인 개념이기는 하나 추상적인 개념이다. 일차독립의 개념은 간단히 설명하기 어려워 여기서는 생략하기로 한다. 추상 수학은 뒤에 하나의 단원으로 따로 설명한다.

대수학의 주된 관심사는 방정식의 풀이다. 중학교 일학년 때 배운 일차방정식의 풀이가 그 첫발이다. 이차방정식의 풀이는 기억에도 선명한 근의 공식과 판별식으로 완성된다. 알렉 산드리아 시대의 디오판토스(246?-330?, 그리스)는 이미 이차방정식의 해법을 알고 있었다고 한다.

이차방정식의 풀이가 완성되고 나서 관심은 자연스럽게 삼차방정식의 근의 공식을 찾는 데로 옮겨 간다. 그렇다면 삼차방정식이나 사차 이상의 방정식에 대한 궁금증은 어떻게 해결됐을까?

삼차방정식
$$ax^3+bx^2+cx+d=0,\ a\neq 0$$
의 근의 공식은 알려져 있으나 거의 사용되지 않는다. 이 공식에 얽힌 이야기가 있다.

처음 이 공식을 발견한 사람은 이탈리아의 니콜로 폰타나(Nicolo Fontana)였다. 16세기 유럽에서는 수학 문제 풀기 시합이 유행했다. 어릴 때 혀를 다쳐서 말을 잘하지 못하는 폰타나는 삼차방정식의 공식을 발견하고는 그 대단한 공식을 혼자만 알고 있었다. 그런데 카르다노(Cardano)라는 사람이 폰타나에게 찾아와 그 공식을 가르쳐 달라고 간청했다. 폰타나는 비밀로 한다는 조건 아래, 공식을 가르쳐 주었다. 그러나 얼마 후 카르다노는 자기 책 Ars Magna 〈위대한 계산법〉에 그 공식을 발표해 버렸다. 오늘날 카르다노의 방법이라고 알려진 이유다.

삼차방정식과 사차방정식의 근의 공식이 연달아 발표되자 많은 수학자는 5차 방정식의 근의 공식도 비슷한 방법으로 구할 수 있으리라 생각하고 도전했다. 당대의 명망 높은 수학자들이 5차 방정식의 근의 공식을 찾기 위해 노력했지만, 결과는 계속 실패로 끝나게 된다. 이쯤 되자 수학계에서는 5차 방정식의 근의 공식이 존재한다는 사실 자체에 대한 회의적인 생각에 이른다.

젊은 수학자 아벨(Abel, N. H.)은 사차방정식의 근의 공식이 발표된 이후 250년 이상의 세월을 고민해 왔던 문제에 마침내 마침표를 찍는다. 1824년 아벨은 "5차 이상의 방정식의 일반 해는 대수적인 방법(사칙연산과 제곱 및 제곱근 등의 방법들)으로 구할 수 없다."라는 것을 증명했다.

그러나 이 젊은 천재 수학자는 가난과 질병에 시달리다가 27세의 젊은 나이로 세상을 떠나고 말았다. 그가 죽은 지 이틀 후에 베를린 대학의 교수로 초빙한다는 편지가 도착했다니 그의 죽음이 더욱 애석하다.

아벨과 동시대를 살았던 또 한 명의 천재 수학자 프랑스의 갈루아(Galois, E.)는 한 발짝 더 나아가 주어진 대수 방정식이 대수적으로 풀 수 있는지를 근에 대한 치환군(아벨군)의 군론적 구조에 따라 명백해진다는 것을 밝혔다. 이와 같은 독창적인 갈루아의 생각은 오늘의 갈루아 이론의 바탕이 되었다. "5차 방정식의 일반 해를 구할 수 없다."라는 사실을 증명하는 과정에서 탄생한 '군'의 개념은 현대 수학, 특히 대수학 영역에 막대한 영향을 주었다.

대수학은 수학 이외의 다른 과학에도 응용된다. 이론물리학에서 군론과 군 표현론은 양자론의 발전에, 특히 고체물리학과 연관해 중요한 역할을 했다. 불대수(Boolean algebra) 이론은 계산기 설계에 널리 이용되었다. 대수학이 다른 분야에 사용됨으로써 대수학 그 자체의 발전이 촉진되었다.

1.3 집짓기는 유클리드 기하학이고 비행기 여행은 비유클리드 기하학이다

기하학을 '공간을 다루는 수학의 한 분야'라고 할 수 있겠다. 우리가 고등학교까지 배운 기하학은 모두 유클리드 기하학이다. 그런데 유클리드 기하학은 거기까지다. 대학교에서 배우는 기하학은 유클리드 기하학만 아는 학생에게는 너무 생소하다. 유클리드 기하학이 아닌 기하학을 모두 비유클리드 기하학이라고 한다. 도대체 비유클리드 기하학은 왜 탄생했을까? 유클리드 기하학을 간단히 살펴보고 비유클리드 기하학 탄생의 당위성과 실용성에 대하여 알아보자.

기원전에 논리를 갖춘 유클리드 기하학

기원전 300년경, 그리스 수학자 유클리드는 최초로 기하학을 논리적 체계를 갖춰 논의한 것으로 알려져 있다. 그가 저술한 〈원론〉에는 직관적으로 받아들일 수 있는 5개의 공리를 참으로 간주하고, 이로부터 연역적으로 명제(정리)를 전개한다. 유클리드가 정리한 많은 성과는 이전의 수학자들에게 알려져 있던 내용이다. 그런데도 우리가 지금까지 유클리드 기하학이라고 부르는 이유는 유클리드가 추론과 논리를 통해 그 명제들이 왜 성립할 수 있는가를 체계적으로 보인 최초의 수학자이기 때문이다.

유클리드의 〈원론〉은 평면 기하학으로 시작한다. 공리계라고 불리는 5개 공리는 다음과 같다.

1. 한 점에서 다른 한 점으로 선분을 그릴 수 있다.
2. 임의의 선분은 선을 따라 다른 선분으로 연장할 수 있다.
3. 한 점을 중심으로 하고 이로부터 일정한 거리(반지름)로 하나의 원을 그릴 수 있다.
4. 모든 직각은 서로 같다.

5. 평행선 공준: 두 직선이 한 직선과 만날 때, 같은 쪽에 있는 내각의 합이 2직각(180°)보다 작으면 이 두 직선을 연장할 때 2직각보다 작은 내각을 이루는 쪽에서 반드시 만난다.

현재 중학교나 고등학교 수학 시간에 다루는 기하학은 유클리드 공리계를 거의 그대로 사용하고 있다. 5번 공리는 다소 수정되었는데 수정 전과 후의 의미는 같다. 공리계는 3차원에서의 공간 기하학으로 계속 이어진다.

유클리드 기하학은 틀렸다고?

직선을 상상해 보자. 유클리드 기하학에서는 직선이 시각적으로 휘어지지 않았다. 그러나 이 직선을 지구 밖에서 보면 원이 된다. 따라서 선분은 지구 밖에서 보면 큰 원의 일부인 호가 된다.

이뿐만이 아니다. 유클리드 기하학에서는 삼각형의 세 내각의 합은 180°이다. 이를 엄밀하게 따져보자. 종이 위에 그리는 작은 삼각형이 아니라 아주 큰 삼각형을 그려보자.

삼각형 △ABC의 점 A를 지구의 북극점으로 잡고 점 B와 C를 적도 위에 서로 다른 점으로 잡자. 이때 △ABC의 변 AB와 변 AC는 지구 경선의 일부이다. 그런데 모든 경선은 적도와 수직이다. 따라서 삼각형의 내각 ∠B와 ∠C는 모두 직각이다. 따라서

$$\angle B + \angle C = 180°$$

이므로

$$\angle A + \angle B + \angle C > 180°$$

이다.

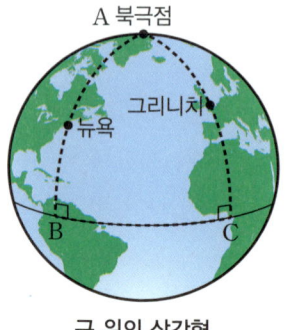

구 위의 삼각형

공간상의 세 가지 면을 생각해보자. 첫째는 고등학교까지 배웠던 유클리드 평면, 둘째는 지구의 표면처럼 밖으로 휜 볼록한 평면, 그리고 셋째는 그릇처럼 안쪽으로 휜 오목한 평면이다. 이 세면에 삼각형을 각각 그리고 세 삼각형의 내각의 합을 각각 a, b, c라고 하면

$$a=180°, b>180°, c<180°$$

가 성립한다.

지구상에서 성립하지 않는 유클리드 기하학

유클리드 기하학은 평면 위에서 정의했다. 반면 지구의 표면은 평면이 아닌 구면이다. 평면으로 느끼는 우리 주변은 상대적으로 아주 큰 지구 표면이라는 곡면의 지극히 일부분이다. 사실은 곡면인데 시각적으로 평면으로 느낄 뿐이다. 따라서 유클리드 기하학은 지구 표면이라는 곡면에서는 성립하지 않는다. 유클리드 평면과 지구의 표면인 구면을 구별할 필요가 생겼다. 비 유클리드 기하학의 탄생 이유이다.

여기서 한 가지 문제를 제기하겠다. 우리는 일상생활 속에서 평면을 구면의 지극히 작은 부분처럼 생각하며 지내왔다. 그렇다면 구면의 일부분과 평면의 일부분이 일치할지 모른다는 것이다. 따라서 평면의 엄밀한 정의가 필요하다. 이제 비유클리드 수학의 탄생이 필요한 시점이 되었다.

지구상에서 유클리드 기하학이 성립하지 않는다고 해도 여전히 우리에겐 유클리드 기하학이 필요하다. 집을 지을 때 유클리드 기하학을 적용한다. 그러나 항공기 운항이나 우주 탐사에는 유클리드 기하학을 적용할 수 없다. 태어나서 한동네에 살던 시대에는 유클리드 기하학으로 충분했을지 모르나 여행이 일상이 된 오늘날에는 유클리드 기하학만으로는 불충분하다. 비유클리드 기하학은 유클리드 기하학의 좁은 영역의 한계를 극복한다.

상식을 깨야 발전하는 학문

대학교에서 배우는 기하학은 언뜻 보면 우리가 중고등학생 때 배우는 기하학이랑 전혀 다른 것처럼 보인다. 대학교 수학과에서 배우는 기하학은 보통 2~3차원 유클리드 공간에 한정하지 않고, 유클리드 공간을 고차원으로 확장한다. 따라서 시각적으로 화면에 표현하는 것이 불가능하다. 고차원으로 확대된 공간에서의 정의는 유클리드 기하학에서처럼 구체적 대상을 가지고 정의하지 않는다. 추상적인 공간을 집합으로 정의하고, 집합의 원소들 사이에 연산을 정의한다. 이 정의는 일반성을 갖고 있어야 하는데 예를 들어 이 정의를 유클리드 공간에 적용해도 맞아떨어져야 한다.

문제는 이렇게 정의한 기하학이 학문적인 결과물을 낼 수 있을까 하는 의문을 지우기 어렵다는 것이다. 고등학교 수학과 물리학의 지식을 배경으로 가진 학생이 이해할 수 있는 예를 들어 설명하자.

물리학 전공자가 아니더라도 공간이 휘어졌다는 이야긴 들어봤을 것이다. 이 이론이 처음 나왔을 때는 아무도 믿지 않았다고 한다. 과학은 굳게 믿어왔던 상식을 깨야 발전한다. 이 이론이 처음 발표되었을 당시 학자들이 굳게 믿어왔던 상식과 다른 이 이론은 차차 증거가 발견되면서 오늘날 과학자들에게 상식으로 자리 잡았다.

휘어진 공간의 등장으로 새로운 기하학의 연구가 필요하게 되었다. 공간이 휘어진 것을 몰랐던 이유는 유클리드 기하학이면 충분하다고 생각했던 것과 같은 현상으로 이해하면 된다. 이전까지 우리가 관측하고 알던 우주는 휘어진 공간의 지극히 일부여서 휘어짐을 알지 못했다. 공간 자체가 3차원이므로 휘어진 공간을 시각적으로 묘사하는 방법은 아직 알려지지 않았다. 이해를 돕고자 휘어진 3차원 공간을 대신해 휘어진 2차원 평면을 예를 들어 설명하자.

휘어짐이 없는 평면이 있다고 하자. 이 평면에 강력한 중력이 작용하면 평면이 휘어진다. 이는 마치 평평한 그물 가운데 볼링공을 올려놓으면 그물이 휘는 것으로 이해하면 무리가 없을 것 같다. 실제로는 그물 크기에 비교하여 휘는 정도가 매우 미약하여 마치 평면처럼 보인다. 공간상에서 휘어진 면이 존재함을 이해했다면 휘어진 공간도 같은 맥락으로 이해해보길 바란다.

유클리드 기하학만을 아는 학생에게 대학교 기하학의 한 정의를 예로 설명하면, 2차원 또는 3차원의 곡면(surface)을 임의의 차원으로 확장 시킨 정의를 다양체(manifold)라고 한다. 유클리드 기하학의 surface 와 manifold의 관계를 알지 못하면 대체 왜 대학에서 배우는 기하학이 우리가 알고 있는 기하학인지 이해하기 힘들 것이다. 위상수학을 처음 마주했을 때 이 분야가 기하학이라는 사실을 쉽게 받아들여지지 않는다. 하지만 그림으로 표현이 불가능할 뿐, 공간의 기하학적인 구조를 다룬다는 사실 자체는 같아서 기하학 분야로 보아야 한다.

기하학은 일반적으로 해석기하학과 대수적 기하학으로 나뉜다. 현대 수학에 와서는 미분기하학이 해석기하학을 대표한다. 미분기하학은 미분이라는 개념을 가지고 curve와 surface, 나아가서는 manifold와 vector bundle을 위시한 기하학적 개체에 관한 연구를 하는 학문이다. 대수기하학의 경우 현대 수학의 각 분야 전반과 매우 깊은 연관을 맺고 있다. 심지어 수학기초론도 포함된다. 일반적인 기하학보다 훨씬, 타 분야와의 관련성이 많다.

위상수학(topology)

수학에 관심이 있는 사람이라면 위상수학이라는 용어를 어렵지 않게 듣게 된다. 위상수학과 관련해서 어렵다는 이야기는 빠지지 않는다. 심지어 왜 기하학인지 모르겠다는 글도 많다. 위상수학이 기하학이라고 받아들이기 어려운 이유는 아마도 기하학이라고 하면서 정의의 대상을 집합으로 시작하는 데 있을 것이다. 기하학이라는 데 시각적이지 않다.

위상수학의 시작 부분에서 위상 공간을 정의한다. 위상 공간에서 정의의 대상은 도형이 아니고 집합족(원소가 집합인 집합을 집합족이라고 한다.)이다. 위상 공간을 정의하면서 열린 집합을 정의한다. 물론 이 집합의 원소를 구체적인 도형에 대응시키기란 초보자에겐 매우 어려운 일이다. 그런데 일직선 위에 열린 구간은 위상 공간의 열린 집합의 모든 성질을 만족함을 어렵지 않게 확인할 수 있다.

위상수학이 기하학의 한 분야이면서 기하학 이름이 붙지 않고 위상수학으로 불리는 이유는 아마도 거리를 따지지 않기 때문일 것이다. 위상수학에서는 두 대상이 '닿았는가 떨어져 있는가'가 중요하지 '얼마나 멀리 떨어졌는가'하는 거리는 고려 대상이 아니기 때문이다. 거리가 고려 대상이 아니면 도형의 모양 역시 문제가 되지 않는다. 중요한 것은 대상끼리 공통의 성질 즉 위상(位相)적 성질이다. 예를 들어 원판이나 직사각형 모양의 판이나 서로 같은 위상을 갖는다.

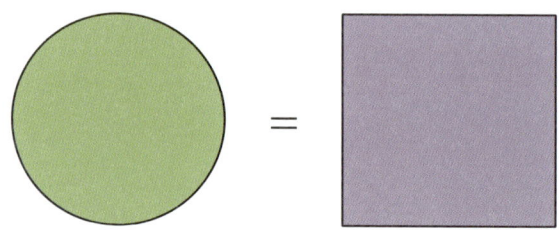

위상적으로 동일

위상수학의 정의는 집합을 대상으로 했기에 다른 분야에도 같은 정의가 가능하다. 프로그래밍 언어에도 위상을 정의해 위상 공간으로 만들 수 있다. 같은 기능을 하면 같은 위상으로 정의하여 논리체계에도 위상을 정의한 위상 공간으로 만드는 게 가능하다. '너랑 나랑은 위상이 다르잖아!'처럼 위상이라는 단어를 일상생활에서 사용할 때와 위상수학에서 사용할 때 의미가 같음을 알 수 있다.

위상수학은 크게 일반 위상수학, 대수적 위상수학, 미분 위상수학의 세 분야로 나뉜다. 일반 위상수학은 말 그대로 일반적인 공간의 성질들을 다룬다. 일반 위상 수학에서 정의한 콤팩트(compact)는 핸드백 속 화장 도구인 콤팩트의 기능과 연결하면 쉽게 이해할 수 있다. 점을 찍어서 완성한 그림을 멀리서 보면 완전한 그림이고 가까이 보면 점들로 보이는데 이는 일반 위상수학의 쎄퍼러블(seperable) 정의를 이해하는 예시가 될 수 있다. 이런 예를 이해하면 위상수학을 이해하는 데 도움이 된다.

대수적 위상수학은 위상적 성질에 대수학적인 연산을 도구로 사용한 수학 영역이다. 대수적 위상수학에서는 호모토피, 기본 군, 그리고 피복 공간이나 공간의 축약 등에 대해 다룬다.

마지막으로 미분 위상수학은 미분기하학에서 다루었던 텐서, 접공간 등을 위상 공간에서 다룬다. 미분형식 등을 특히 주로 다루며, 미분다양체 위에서의 여러 가지 성질을 다룬다. 미분다양체는 미분위상수학의 일부분이지만 사실상 전체라고 이야기해도 큰 무리가 되지 않는다.

2. 추상 수학과 실용 수학

2.1 수학과 물리학의 공통점과 차이점

물리학자 하이젠베르크는 '가장 큰 어려움은 수학에 있는 것이 아니라 어느 시점에 자연에 연결하는 것이다.'라고 하였다. 그는 이어서 '자연을 하고자 하는 것이지 수학을 하자는 것이 아니지 않느냐?'라고 하였다. 이 두 마디는 여러 가지로 이해할 수 있다.

하이젠베르크는 물리학자들이 물리학 연구를 위해 얼마나 많은 수학 공부가 필요한지를 역설적으로 이야기하고 있다. 물리학 공부의 90%는 수학 공부라고 이야기하는 물리학자도 있다. 그런데 수학만 알아서는 자연을 알지 못한다고 한다. 이는 수학과 물리의 경계가 있음을 의미한다. 또 일부 물리학자는 수학이 자연을 연구하는 데 필요 이상의 비약이 있다고 여긴다.

이쯤에서 수학과 물리학의 사전적 정의를 알아보자. 아래는 수학과 물리학의 다양한 정의다. 읽어보면 수학이든 물리학이든 한마디로 정의하는 것이 어렵다는 걸 이해할 수 있다. 수학과 물리학의 지금까지 알려진 여러 가지 정의 중 몇 가지만 선택하여 소개한다.

수학의 정의

정의1 숫자와 기호를 사용하여 수량과 도형 및 그것들의 관계를 다루는 학문.

정의2 수학은 인간의 사유(思惟)에 의한 추상적인 과학으로서, 공리(公理)라고 하는 일군의 명제(命題)들을 가정하여 결론을 끌어내는 학문이다.

수학은 본질적인 것만을 파악하여 기호로 표현함으로써 '과학의 언어'라고 일컬어지고 있으며, 자연과학의 이론·기술의 발전에는 물론 사회·인물·군사 등 거의 모든 분야에 공헌하는 기초학문이다.

정의3 수학(數學, mathematics)을 한 문장으로 정의하기는 쉽지 않다. 수학의 개념과 정의는 시대에 따라 변화해 왔다. 과거에는 수학을 '수와 크기의 과학(科學, science)'이라고 했으나, 현재 수학은 수와 크기라는 말로는 정의할 수 없는 고도의 추상적인 개념들을 다루고 있다. 수학은 수, 크기, 꼴에 대한 사고로부터 유래한 추상적인 대상들을 다루는 학문으로, 숫자와 기호를 사용하여 이러한 대상들과 대상들의 관계를 공리적 방법으로 탐구하는 학문이라고 할 수 있다. [네이버 지식백과]

물리학의 정의

정의1 사물의 이치를 탐구하는 학문이다.

정의2 자연의 구조와 자연현상의 원인을 수학적인 형식을 이용해 설명하는 학문 분야. 물리학을 의미하는 그리스어 'physics'는 자연이라는 의미다.

수학과 물리학의 차이

수학과 물리학의 공통점은 대상의 이치와 관계를 다루는 학문이라는 것이다. 차이는 여러 측면에서 살펴볼 수 있다. 물리는 대상은 자연 또는 사물로 수학과 비교해 비교적 구체적이다. 반면 오늘날 수학의 대상은 열거하기 어려울 정도로 다양하다.

수학과 물리학의 차이는 대상에 한정되지 않는다. 물리학자가 수학은 필요 이상 비약되었다고 이야기한 것을 보면 물리는 다분히 현상에 근거한다. 반면에 수학은 추상화된 측면이 강하다.

언뜻 보면 추상화된 개념은 자연에서의 문제를 해결하는데 불필요한 것처럼 느낄 수도 있다. 그런데 수학을 자신이 필요한 부분만 보았을 때 그렇게 느끼게 된다. 문제 해결에 도움이 되지 못하는 수학은 발전하지 못하고 정체되거나 사라진다. 추상 수학도 이런 측면은 다를 리 없다.

수학과 물리학은 원리를 연구하는 학문이다. 물리학은 사물이나 자연의 원리처럼 비교적 제한된 영역을 연구하는 반면 수학은 대상에 제한이 없다. 눈에 보이는 구체적 대상이 아닌 개념 같은 수학적 정의나 원리의 연구는 세월이 한참 흐른 뒤에 그 가치가 판명되는 경우가 많다. 오늘날 널리 활용되는 디지털 이론에서 사용되는 기본적인 함수들 시스템을 발표했을 당시에는 주목받지 못한 것이 대표적인 예이다. 수학과 물리의 가장 큰 차이는 추상성이 아닌가 한다. 추상 수학이 어떻게 탄생하는지 알아볼 필요가 있다.

2.2 추상 수학도 현실에서 탄생한다.

우리가 사용하는 수학이란 용어는 한자어다. 한자어 수학(數學)을 풀어서 설명하면 '수(數)에 관한 학문(學)'이다. 영어의 mathematics는 고대 그리스 시대에 사용된 용어로 '배움의 기술'이란 의미라고 한다. 수학이라는 뜻을 엄밀하게 정의하려는 무수한 시도는 모두 결과 없이 끝났다. 이는 어떤 영역이든 논리적인 완전체를 가질 수 없기 때문이다. 아주 오래전에는 수학의 영역이 수를 가지고 다룰 수 있는 영역이라고 할 수도 있었지만, 요즘은 수학의 영역이 어디까지인지 말하기조차 어렵다.

고대 수학자는 철학자이며 수학자였다. 당시에는 학문의 영역이 분명하게 나누어지지 않았다. 세월이 흐르면서 철학과 수학이 분리되고, 수학과 물리학이 분리되었다. 전산, 컴퓨터, 암호학, 논리학, 통계학처럼 수학으로부터 발전해 독립된 학문은 여러 분야다. 공학, 경제학 등 수학과 관련된 영역뿐만 아니라 때론 관련이 없어 보이는 영역조차 공부하다 보면 종종 수학적 전문지식이 필요해 수학을 공부하게 된다. 이때 부딪히는 장벽이 추상 수학이다. 추상 수학이란 무엇인가?

추상 대수 영역의 군 이론(group theory)이나 기하학인 위상수학(topology) 등 처음 대했을 때 충격적으로 다가온 수학의 영역은 수도 없이 많다. 이런 영역의 수학은 왜 탄생했으며 어디에 활용할 수 있는가? 또 어떻게 탄생하는가? 왜 이런 정의가 필요한지 알지 못한 상태로 참으며 공부하다 보면 알게 되는가? 이런 의문은 추상 수학을 공부해야 하는 사람은 누구나 가져보았을 것이다. 수학 전공자에게도 추상 수학은 공부를 계속하기 위해서 극복해야 하는 큰 장벽이다. 하물며 비전공자들이 이런 영역을 대할 때 오를 수 없는 절벽을 대하는 느낌 같은 충격은 미루어 짐작할 뿐이다.

초등학생 때 배우는 수학은 대부분 숫자와 직접 연결된다. 수학 수업 중 집합이란 단원을 처음 대했을 때의 생소함은 아직도 기억이 뚜렷하다. 집합이 수학인가 하는 의문은 쉽게 떠나지 않았다. 대학에서 수학을 전공했다. 2학년 때 집합론이라는 과목을 두 학기 동안이나 배웠다. 집합이 수학이구나 하고 생각이 확실하게 든 것은 집합 이론으로 무한대가 깨끗하게 설명되는 것을 알고부터이다.

수학을 전공하는 대학생에게도 추상 수학은 충격으로 다가온다. 대학 3학년 때 배우는 추상 대수(abstract algebra)와 위상수학(topology)이 대표적이다. 이런 과목에서 배우는 정의는 수학 전공자에게조차 자연스럽게 이해되는 것도 아니고, 쉽게 받아들여지지 않는다. 그렇다면 추상 수학이 무엇일까? 추상 수학도 실용적인 활용이 될까?

초등학교에서 배웠던 추상 수학

뜻밖이라 하겠지만 우리는 어릴 때부터, 아니 수학을 처음 배울 때부터 추상 수학을 배웠다. 수학을 공부하며 처음 대하는 숫자에 대해 찬찬히 분석해보자. 우리는 지금까지 수 1의 정의가 무엇인지 스스로 물어본 적이 있는가? 아마도 없지 않을까?

사람이 1명, 사과가 1개, 책 1권을 생각해보자. 모두 1을 사용했는데 사람, 사과, 책 사이에는 어떤 관련성도 없다. 다만 개수가 1이라는 공통점만 있을 뿐이다. 어떤 대상이든 개체의 수가 1이면 모두 1을 사용할 수 있다. 그러니까 세상에 존재하는 모든 개체에서 1이라는 추상적 개념을 추출한 것이다. 우리가 인지하지 못했을 뿐 지금까지 사용하던 수가 추상 수학이다.

수 1이 추상적인 개념이라는 걸 이해했다면 방정식의 미지수 x 역시 추상적인 개념으로 이해할 수 있다. x의 대상이 책상의 수를 나타낼 수도 있고 다른 어떤 것이든 상관없기 때문이다. 곰곰이 생각해보면 우리는 우리도 모르는 사이에 이미 추상 수학을 공부했다.

그런데 왜 대학교 수학과에서 배우는 추상 수학은 충격으로 다가오는가? 이에 대한 설명은 쉽게 할 수 없다. 만일 초등학생이 미분이 뭐냐고 묻는다면 어찌 설명할 수 있나? 같은 고등학생도 물체의 위치, 순간 움직임 등에 대한 이해가 잘 되어있는 학생이라면 미분은 처음부터 쉬울 수도 있다. 반면에 미분을 배우고도 현실 세계와 전혀 연결하지 못한다면 많은 공부를 했어도 어려울 수 있다.

우리가 평소 생활하면서, 초등학교에서 배운 수학은 현실 대상과 쉽게 대응할 수 있다. 반면에 대학에서 배우는 추상적 개념은 현실과 연결하는 수준까지 도달하기가 상대적으로 어렵고 오랜 노력이 필요하다. 추상 수학이 현실 세계에 어떻게 적용되고 쓰이는지 알기까지 미분에 비하면 엄청나게 많은 공부를 동반해야 한다. 수학을 전공하지 않은 사람에게 한마디로 설명할 수 있다면 그 분야가 이렇게 어렵진 않을 것이다.

추상 수학도 현실적인 문제를 해결하고자 탄생했다. 사실 수학을 잘하는 학생과 못하는 학생의 본질적인 차이점 중 하나는 수학 시간에 배운 개념을 현실에 얼마나 잘 연결하느냐에 달려있다. 대학교에서 배우는 추상 수학은 현실과 연결하기까지 수개월에서 수년이 걸린다. 대부분 학생이 현실과 관련해 이해하지 못한다. 그런데 통찰력이 조금만 있어도 대학교에서 배우는 추상을 현실에 연결할 예가 여럿 있다.

추상 수학 탄생의 가상적인 예

한 수학자가 1차원인 직선상의 양 끝점이 없는 구간인 열린 구간에 관해 연구하고, 2차원인 평면상에서 테두리가 없는 열린 영역, 3차원 공간상에서도 표면이 없는 입체에 관해 연구했다. 이 학자가 차원과 관계없이 이들이 갖는 공통적인 성질들을 찾아냈다. 그리고는 이 성질들을 조건이라 하고, 이 조건들을 만족하는 대상을 열린 집합이라고 정의했다고 하자.

이렇게 정의한 열린 집합 정의를 1차원 직선상에 적용하면 열린 구간이 되고 2차원 평면상에 적용하면 열린 영역이 된다. 이때 열린 집합의 정의에 사용한 조건 중 한 조건만 빼도 열린 집합이 되지 못함을 확인한다. 정의에 사용한 조건이 열린 집합을 추상적으로 정의하는 데 모두 필요한 조건들이며 이 조건들만 만족하면 1차, 2차, 3차원 공간에서 열린 집합을 모두 묘사할 수 있다.

이렇게 추상적으로 정의를 하면 1차원의 열린 구간을 정의하고 2차원에서 열린 영역을 정의하는, 즉 구체적으로 각각의 경우마다 정의할 필요가 없어진다. 이제 이 학자는 그림으로 그릴 수 없는 4차원이나 다른 공간에서도 이 성질을 만족시키는 대상을 열린 집합이라 정의하고 기존에 알고 있던 사실과 맞아떨어지는지 또 기존에 풀지 못하던 4차원 문제의 해결을 할 수 있는지 등을 연구한다. 연구의 좋은 결과가 연이어 나오면 이 분야는 계속해서 발전하고 수학의 한 분야로 자리 잡는다.

열린 우주(open universe)는 우주 탄생을 설명하는 빅뱅 이론의 핵심이다. 팽창하는 우주를 열린 우주로 부른다. 우주가 팽창하는 근거가 되는 성질은 수학의 열린 집합이 갖는 성질과 일치한다. 1차원의 열린 구간이 경계점을 갖지 못해 최댓값을 갖지 못하는 것처럼 우주가 팽창하는 것을 설명하려면 우주의 경계가 없음을 설명하는 것이 필요하다.

추상적인 성질 찾기

우리가 이미 알고 있는 내용을 들여다봄으로써 추상적인 성질을 어떻게 찾아야 하는지 살펴보기로 하자. 삼각형이 무수히 많이 있다. 그 중 두 삼각형이 모양도 같고 크기도 같아서 하나를 이동하고 방향을 바꾸면 포갤 수 있다고 하자. 이 경우 우리가 생각하기에는 두 삼각형은 똑같다.

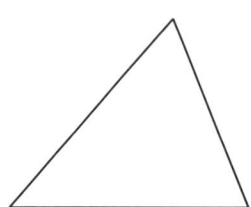 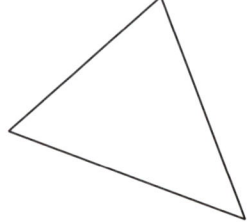

놓인 방향과 위치가 다른 합동인 두 삼각형

그런데 "두 삼각형은 같다."라고 하지 않고 "두 삼각형은 합동이다."라고 한다. 왜일까? 두 삼각형의 위치도 다르고 놓인 방향도 다르니 두 삼각형이 같다고 말할 수 없다. 그렇다면 합동이라는 의미는 어떻게 이해해야 할까? 보고 싶은 조건들이 같으면 합동이라고 부른다. 삼각형을 결정하는 요소는 변과 각이다, 합동이란 두 삼각형의 대응하는 변과 대응하는 각이 각각 같다는 의미이다.

벡터를 탄생시킨 관찰력

추상 수학은 대상의 속성을 찾는 것으로 시작한다. 속성을 찾고 이를 토대로 탄생한 추상 수학의 탄생 과정을 떠올리기 쉬운 물리적 대상을 예로 들어 설명하자.

오래전 한 학자가 힘과 운동에 관한 연구를 시작했다. 힘이 작용하는 현장에는 힘을 주는 사람이나 물체가 있고 힘을 받는 사람이나 물체가 있다. 이러한 현상이 일어나는 장소 역시 다양하다.

힘을 주고 결과가 나타나는 현상을 관찰하니 힘을 주거나 받는 사람, 물체의 종류가 바뀌어도 결과에는 영향이 없음을 알아냈다. 장소 역시 결과와는 상관이 없다. 결과에 영향을 미치는 요소는 힘의 세기와 힘의 방향뿐이라는 사실을 알아냈다. 힘의 속성이 크기와 방향이라는 사실을 찾아낸 것이다.

이 학자는 크기와 방향만을 나타내는 새로운 정의가 필요했다. 이를 벡터라고 정의했다. 벡터를 정의하고 나서 힘과 운동에서 나타나는 현상을 벡터와 이들의 연산으로 변환했다. 벡터의 연산은 벡터의 덧셈과 스칼라 곱의 정의가 예이다. 이제 벡터에 내적과 외적을 정의해 힘과 운동의 물리적 현상에서의 문제를 해결했다.

벡터의 예에서처럼 우리가 배우는 수학 용어는 추상적 성질을 나타낸다. 어쩌면 우리가 배우는 모든 수학이 추상 수학이다. 미분처럼 현실과 연결이 쉬우면 추상 수학이라고 부르지 않는다. 군 이론이나 위상수학처럼 내용이 현실과 연결하기 어려우면 추상 수학이라고 부르곤 한다.

2.3 로또 명당과 돈이 되는 정규분포

통계학이 수학의 한 영역인지 아닌지는 논쟁은 계속되고 있다. 통계학에서는 수학을 사용하지만, 수학에서는 통계학을 사용하지 않는다고 통계학은 수학이 아니라고 하기도 한다. 하지만 고등학교 수학 시간에 통계학을 배우고, 대학의 학부 수학과 학생은 통계학 과목을 배운다. 통계학이 수학의 영역이라면 추상 수학이 아닌 실용 수학이라고 하면 좋을 것 같다.

로또 명당자리

로또와 연관된 단어는 여럿이 있다. 그중 단연 눈에 띄는 단어는 로또 명당과 1등 당첨 번호 예상이다. 1등 당첨이 나온 판매점은 소문을 듣고 복권을 사러 몰려든 사람으로 붐빈다. 인터넷에서는 1등 당첨 예상 번호를 보내드린다는 광고를 쉽게 볼 수 있다. 과연 로또 명당자리가 있고 당첨 확률 높은 번호를 예상할 수 있을까?

우연히 생기는 일에 대해 그것이 일어날 가능성의 크기를 나타내는 수치를 확률이라 한다. 오늘날 확률은 우리 삶과 밀접한 관계가 있다. 주식 투자나 부동산 투자를 할 때는 오를 확률을 생각하게 된다. 일기 예보할 때 비가 내릴 가능성을 확률로 이야기하고 기온에 따른 감기 걸릴 확률을 지수로 나타내기도 한다. 스포츠에서는 각 팀은 확률을 고려하여 경기를 준비하고 치른다. 군사 분야에서도 전쟁에 승리할 확률을 따진다. 나은 삶을 위해 확률의 올바른 이해가 필수인 시대에 살고 있다. 생활에서 일어날 만한 가상의 경우를 예로 들어 확률을 이해해보자.

날씨와 관련된 한 회사의 주식은 비가 내린 다음 날 오를 확률이 $\frac{2}{3}$라고 한다. 즉 세 번 중 두 번은 오르고 한 번은 떨어진다고 한다. 오늘을 기준으로 비가 내린 마지막 두 번은 모두 이 회사의 주식이 올랐다고 한다. 오늘 비가 오고 있는데 내일 주식이 오를까 아니면 내릴까? 갑과 을의 두 가지 주장에 대하여 어느 주장이 타당한지 생각해보자.

> 갑 : 지난 두 번 모두 올랐으니 이번에는 내려야 확률이 $\frac{2}{3}$가 된다. 따라서 내일은 이 회사 주식이 내릴 것이다.
>
> 을 : 비가 내린 다음 날 주식이 오를 확률 $\frac{2}{3}$는 50%를 넘으므로 내일 주식이 오를 것으로 기대된다.

현실에서는 갑의 의견에 동의하는 사람이 많긴 하지만 을의 의견이 옳다. 기대되는 확률은 지난 두 번의 사건과 무관하다. 확률 $\frac{2}{3}$는 비가 내린 다음 날 주식이 오를 확률을 말한다. 이에 대한 명확한 이해를 돕기 위해 동전의 경우를 살펴보자. 동전을 던져서 앞면이 나올 확률과 뒷면이 나올 확률은 $\frac{1}{2}$로 같다. 그런데 예를 들어 한 번을 던져서 앞면이 나왔다고 하자. 이때 동전을 다시 던진다면 앞면이 나올 확률과 뒷면이 나올 확률은 같다. 앞서 앞면이 나왔으므로 두 번째는 뒷면이 나와야 확률이 $\frac{1}{2}$이 된다는 주장은 말이 안 된다.

두 번째 던지는 동전이 앞면이 나올지 뒷면이 나올지는 앞서 첫 번째 던진 동전의 영향은 전혀 없다. 동전처럼 경우의 수가 단 두 가지일 때는 이해가 쉽다. 경우의 수가 많아져 따지기가 어렵다고 이치가 달라지지 않는다. 주사위의 경우 10번을 던져 2의 눈이 4번이나 나왔다고 해도 11번째 던져서 2가 나올 확률은 여전히 $\frac{1}{6}$이다.

로또의 당첨 확률은 모든 번호가 같도록 설계되었다. 다가오는 로또 추첨에서 1등이 당첨될 확률은 지금까지 당첨된 번호와 무관하다. 로또 명당이 있을 수 없다. 로또 명당은 우연히 일어난 과거의 사건이지 앞으로 일어나는 로또 추첨과는 관련이 없다. 로또 1등 당첨 번호를 예상한다고 하는 것은 동전을 던져서 앞면이 나올지 뒷면이 나올지 예상한다는 것과 이치가 같다.

로또 1등 당첨 번호를 알려 준다며 회원 가입을 받고 회비를 받는 사람이 있다. 그 사람에게 이렇게 이야기해 주자. "만일 당신이 당첨 확률이 높은 번호를 안다면 당신이 그 번호로 로또를 사세요."라고.

정규분포와 돈 벌기

통계학은 실용 학문이다. 통계학의 가장 큰 가치는 통계를 이용한 미래의 예측일 것이다. 고등학교에서 배우는 정규분포만 정확하게 이해해도 다양한 경우 활용이 가능하다. 개인 사업을 시작하려고 투자를 하면 얼마의 수익이 예상되는지, 여행사의 예매표 매수 결정, 물건을 대량 생산하였을 때 불량품 개수의 예상, 씨앗을 파종하여 발아한 개체 수 예상 등 일상 속 궁금한 문제에 대해 정규분포가 구체적인 수치를 제시해 준다.

정규분포는 고등학교 수학 통계의 영역 중 맨 끝부분에 있고 시험 출제 비중이 높은 편이다. 그러나 정규분포를 배운 학생에게 정규분포가 무엇인지 물으면 정확하게 설명하는 학생이 거의 없다. 오늘날 정규분포 이론은 여러 분야의 연구나 산업 활동에 유용하게 활용된다. 이렇게 실용적인 이론임에도 불구하고 학생들에게는 단지 성적을 위한 수학의 한 영역에 불과하고 실생활에 활용과는 거리가 멀다.

정규분포의 정의는 무엇이고 정규분포를 따른다는 의미는 무엇일까? 일상에서 일어나는 현상은 대부분 이항분포를 이룬다. 이항분포에서 확률 계산은 간단한 이항분포가 아니면 그 양이 엄청나다. 다행인 것은 간단하지 않은 이항분포는 정규분포로 해석할 수 있다. 정규분포를 이해하고 어떻게 활용되는지 알아보자.

여론조사 결과를 발표에 함께 제시되는 자료가 표본오차와 신뢰수준이다. 표본오차와 신뢰수준의 의미를 고등학교에서 배운 내용과 연결하여보자.

정규분포의 탄생

정규분포가 처음 소개된 것은 1733년 드 무아브르(Abraham de Moivre, 1667~1754)가 쓴 논문에서였다. 이 내용은 고등학교 수학의 통계영역에서 큰 수의 법칙이라고 배웠다. 이항분포에서 시행 횟수가 커지면 이항분포는 정규분포에 가까워진다는 이론이다.

시행 횟수가 클 때 이항분포에서 확률을 계산하는 것은 많은 계산을 요구하기 때문에 매우 번거롭다. 따라서 시행 횟수가 클 때 이항분포에서 필요한 확률은 이항분포 계산식을 이용해 계산하지 않고 정규분포의 표를 이용한다. 정규분포의 확률 계산은 정규분포표를 참고하면 된다. 이 내용은 드 무아브르의 저서 〈우연의 교의〉 2판(1738년)에 다시 실렸다.

라플라스(Pierre-Simon, marquis de Laplace, 1749~1827)가 저서 〈확률론의 해석이론〉(1812년)에서 이 결과를 확장했고 이는 오늘날 드 무아브르-라플라스의 정리로 알려진 정규분포에 이른다.

정규분포의 정규란 무엇인가?

정규분포에서 '정규'는 아마도 정상적 또는 일반적이라는 의미라고 이해하면 정규분포의 뜻을 이해하는 데 도움이 될 수 있다. 정규방송, 정규군, 정규리그 등 일상에서 정규가 사용된 어휘는 흔하다. 그렇다면 통계 분야의 정규분포에서 정규의 수학적 조건은 무엇일까? 이는 두 가지 조건을 충족하는 의미로 생각할 수 있다.

첫째로 통계의 표본이 정상적 또는 일반적이어야 한다. 여기서 정상이라고 하면 특수가 아닌 사회적, 자연적 보편성을 의미한다. 예를 들면 고등학생의 키에 대한 분포를 조사할 때 고등학교 농구선수를 표본으로 삼는 것은 일반적이지 못하다. 고등학생들의 수학 성적 분포를 알고자 할 때 과학고등학교 학생으로 대상을 정한다면 수학 성적에 대한 확률분포는 일반성을 잃는다. 대상을 선정할 때 특수성을 배제한 보편 타당성이 있어야 한다. 통계의 영역에서는 이를 '표본을 무작위로 선정한다.'라고 이야기한다. 정규분포에서 정규라는 용어는 영어의 normal로 정상이라는 뜻이다.

둘째로 통계 표본의 크기, 즉 자료의 수가 충분해야 한다. 자료의 수가 충분하다는 기준은 명확하게 말하긴 어렵다. 학자에 따라 표본의 크기에 대한 기준의 차이가 다소 있다. 일반적으로 표본의 크기가 적어도 30은 돼야 확률분포가 정규분포에 가깝다.

정규분포의 정의

자연현상이나 사회현상을 조사해 보면 자료의 수가 충분히 크면 확률분포 곡선은 평균을 중심으로 좌우가 대칭이고, 평균에 가까울수록 자료가 집중돼 있어 확률밀도가 높다. 반대로 평균으로부터 멀어질수록 확률밀도 곡선은 0에 가까워진다. 이런 곡선은 연속확률변수 X의 확률밀도함수 $f(x)$가

$$f(x) = \frac{1}{\sqrt{2\pi}\sigma} e^{-\frac{(x-m)^2}{2\sigma^2}}, \quad -\infty < x < \infty$$

로 나타난다. 이때 연속확률변수 X는 정규분포를 따른다고 한다.

이 식에서 m은 X의 평균이고, σ는 X의 표준편차이다.

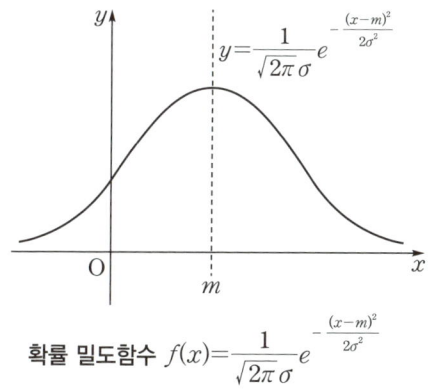

확률 밀도함수 $f(x) = \frac{1}{\sqrt{2\pi}\sigma} e^{-\frac{(x-m)^2}{2\sigma^2}}$

정규분포의 특징

아래 소개되는 다섯 가지 성질은 고등학교 교과서에 설명된 정규분포의 특징이다.

평균 m이고, 표준편차 σ인 정규분포를 기호로

$$N(m, \sigma^2)$$

과 같이 나타내고 다음과 같은 성질을 갖는다.

(1) 직선 $x = m$에 대하여 대칭인 종 모양의 곡선이고, 점근선은 x축이다.

(2) 곡선과 x축 사이의 넓이는 1이다. (연속 확률밀도 함수의 성질, 정규분포도 연속 확률밀도 함수이므로)

(3) $x=m$일 때 최댓값 $\dfrac{1}{\sqrt{2\pi}\,\sigma}$을 갖는다.

(4) 평균 m이 일정할 때, 표준편차 σ가 커질수록 그래프는 중앙의 높이가 낮아지면서 양쪽으로 퍼지고, 반대로 σ가 작아질수록 그래프는 중앙이 높아지면서 양쪽이 좁아진다.

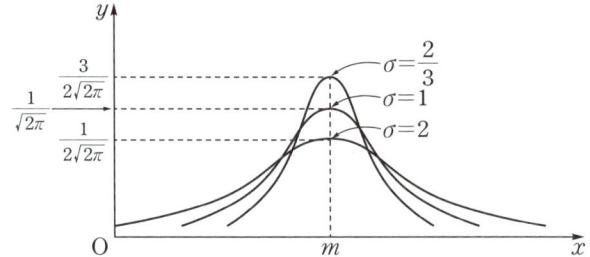

(5) 표준편차 σ가 일정할 때, 평균 m이 변하면 곡선의 모양이 바뀌지 않고 대칭축의 위치만 바뀐다.

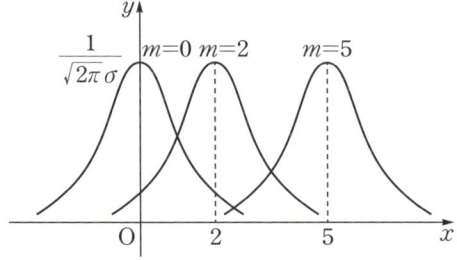

위의 다섯 가지 정규분포의 특성에서 정규분포의 매우 중요한 성질을 유추할 수 있다. 이 성질은 정규분포의 확률밀도 함수식

$$f(x)=\dfrac{1}{\sqrt{2\pi}\,\sigma}e^{-\dfrac{(x-m)^2}{2\sigma^2}},\ -\infty<x<\infty$$

에 나타나 있다. 이 식에서 그래프의 위치와 모양에 영향을 주는 상수는 평균 m과 표준편차 σ뿐이다. 따라서 정규분포에서 확률은 오로지 평균과 표준편차에 의하여 결정된다. 이 사실이 정규분포에서 가장 중요한 가치이다. 표준편차는 자료가 평균으로부터 흩어진 정도이다.

정규분포에서 확률의 계산

확률변수 X가 정규분포를 따를 때, 정규분포곡선과 x축 사이의 넓이는 1이다. 확률변수 X의 값이 구간 $[a, b]$에 있을 확률 $P(a \leq X \leq b)$은 그림에서 색칠한 부분의 넓이이다.

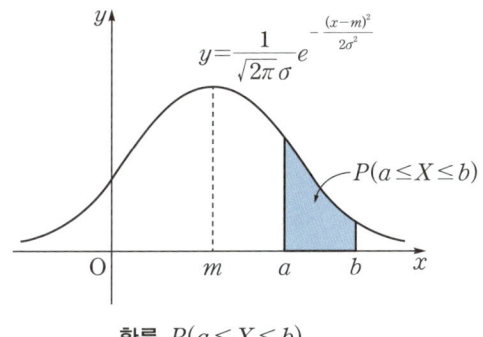

확률 $P(a \leq X \leq b)$

정규분포 $N(m, \sigma^2)$은 평균 m과 표준편차 σ에 의해 확률분포가 결정된다. 그러므로 정규분포를 따른다고 하는 것은 정규분포에서 확률은 오로지 평균 m과 표준편차 σ, 단 두 가지에 의해 결정된다는 뜻이다. 정규분포 곡선의 모양 역시 오로지 평균 m과 표준편차 σ에 의해 결정된다.

정규분포에서 가장 유용하게 쓰이는 확률에 대해 알아보자.

정규분포 $N(m, \sigma^2)$을 따르는 확률변수 X에 대해

(1) $P(m-\sigma \leq X \leq m+\sigma) = 2P(m \leq X \leq m+\sigma) \fallingdotseq 0.6826$

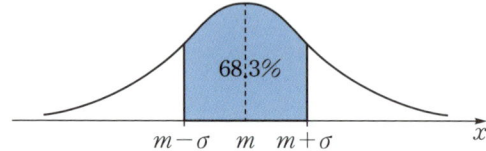

(2) $P(m-2\sigma \leq X \leq m+2\sigma) = 2P(m \leq X \leq m+2\sigma) \fallingdotseq 0.9544$

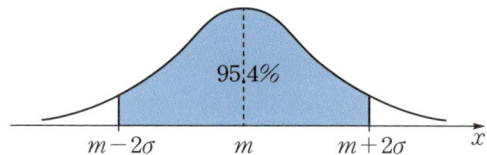

(3) $P(m-3\sigma \leq X \leq m+3\sigma) = 2P(m \leq X \leq m+3\sigma) \fallingdotseq 0.9974$

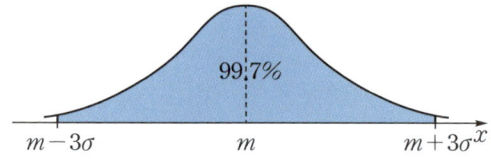

참고 근삿값의 기호 '≒'는 다른 나라에서는 사용되지 않는다.

정규분포에 따른다는 이야기의 의미는?

민지는 카페를 개업하려고 가게를 알아보았다. 마음에 드는 가게를 계약하고 개업을 하면 예상 매출액이 얼마나 되는지 계산을 해보기로 하였다. 일일 예상 손님 수를 알고 싶어 통계 조사 업체에 의뢰해 다음과 같은 답을 얻었다. 하루 예상 손님 수는 평균이 65명이고 표준편차가 6명인 정규분포를 따른다.

민지는 고등학생 때 배운 정규분포를 생각해보았지만 '정규분포를 따른다.'라는 말을 어떻게 해석해야 할지 알 수 없었다. 정규분포에 따른다는 의미를 이해하기 위해 우리에게 친숙한 성적을 예로 들어 설명하자.

Q : 지웅이가 다니는 고등학교 3학년 학생들의 6월 모의고사에서 수학 성적 평균이 46, 표준편차가 12인 정규분포를 이루었다. 지웅이가 다니는 고등학교 3학년 한 명을 임의로 선택했을 때 이 학생의 수학 성적을 정규분포를 참고하여 이야기하여라.

A : 임의로 선택한 학생의 수학 성적은 평균이 46이고 표준편차가 12인 정규분포를 따르므로 이 학생의 성적을 확률로 답하는 것이 최선이다. 한 예로 정규분포에서
$P(m-\sigma \leq X \leq m+\sigma) \approx 0.6826$을 만족하고
$m=46$, $\sigma=12$이므로
$$P(46-12 \leq X \leq 46+12) \approx 0.6826$$
이다.

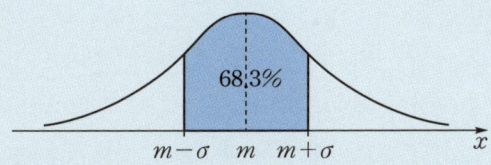

즉
"이 학생의 성적이 34점 이상 58점 이하일 확률은 약 68.26%이다."
라고 답할 수 있다. 같은 이유로
$$P(m-2\sigma \leq X \leq m+2\sigma) \approx 0.9544$$
이므로

> "이 학생의 성적이 22점 이상 70점 이하일 확률은 약 95.44%이다." 라고 답할 수 있다. 또
> $$P(m-3\sigma \leq X \leq m+3\sigma) \approx 0.9974$$
> $$P(46-3 \cdot 12 \leq X \leq 46+3 \cdot 12) \approx 0.9974$$
> 이므로
> "이 학생의 성적이 10점 이상 82점 이하일 확률은 약 99.74%이다." 라고 답할 수 있다.

위에서 일일 예상 손님 수는 평균이 65명이고 표준편차가 6명인 정규분포를 따른다고 하였다.

따라서 일일 손님 수가 59=65-6명 이상 71=65+6명 이하일 확률이 약 68.26%이다라고 이해할 수 있다.

정규분포에 따른다는 의미는 대상이 어떤 구간에 존재할 확률을 알 수 있다는 의미다.

참고 정규분포 곡선은 평균을 중심으로 좌우 대칭이다. 확률변수 X의 평균이 m이고 표준편차 σ인 정규분포 $N(m, \sigma^2)$을 따를 때
$$P(m \leq X \leq m+\sigma) \approx 0.3413$$
$$P(m \leq X \leq m+2\sigma) \approx 0.4772$$
$$P(m \leq X \leq m+3\sigma) \approx 0.4987$$
이다. 따라서 위의 예제에서 임의로 선택한 학생의 성적이 평균 m인 46점 이상 $m+\sigma$인 58점 이하일 확률이 약 34.13%라고 답하는 것도 가능하다. 그러나 정규분포에서 확률을 이야기할 때 흔히 평균을 중심으로 좌우 대칭인 구간으로 이야기한다.

자료 비교에 활용되는 정규분포

인간은 끊임없이 선택하면서 살아간다. 두 제품 중 한 제품을 선택할 때 대체로 품질과 가격을 고려하여 결정한다. 개인이 물건 하나를 살 때는 사소할 수 있으나 대기업에서 제품을 대량 구매할 때는 사정이 다르다. 이럴 때는 품질을 정량화해 자료를 통계화해서 정확한 근거를 갖고 결정하게 된다. 여러 자료 중 최선을 선택할 때 정규분포를 이용할 수 있다. 두 자료의 비교를 예로 들어보자.

Q: 지웅이가 다니는 고등학교는 시험성적 등수를 발표하지 않는다. 대신 본인의 성적을 전체 학생의 평균과 표준편차와 함께 알려준다. 3학년인 지웅이 1학기 기말고사의 수학 성적은 62점이고 언어의 성적은 67점이다. 3학년 전체의 수학 성적은 평균 47, 표준편차가 12인 정규분포를 이루었고, 언어는 평균 59, 표준편차가 10인 정규분포를 이루었다. 지웅이는 두 과목 중 어느 과목 성적이 상대적으로 더 좋다고 할 수 있나?

A: 수학 성적의 평균은 $m=47$ 표준편차는 $\sigma=12$이므로 수학 성적은

$$62 = m + \frac{5}{4}\sigma$$

이고, 언어 성적의 평균은 $m=59$ 표준편차는 $\sigma=10$이므로

$$67 = m + \frac{4}{5}\sigma$$

이다. 따라서 지웅이 수학 성적보다 더 좋은 수학 성적을 받은 학생의 비율은

$$P\left(m + \frac{5}{4}\sigma < X\right) = 0.1056$$

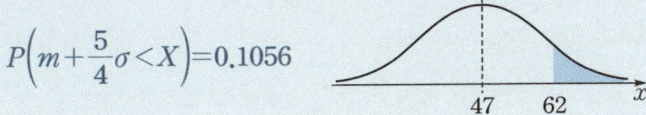

이고, 지웅이 언어 성적보다 더 좋은 성적을 받은 학생의 비율은

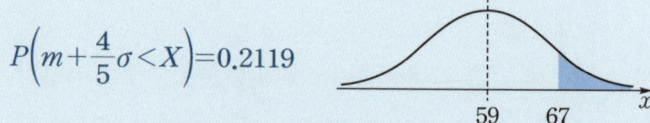

$$P\left(m+\frac{4}{5}\sigma<X\right)=0.2119$$

이다. 여기에 인용된 확률은 정규분포표에 있다.

지웅이 언어 성적보다 더 높은 언어 성적을 받은 학생 비율은 약 21%이고 수학 성적이 지웅이 수학 성적보다 더 좋은 학생 비율은 약 10.6%이다. 그러므로 수학을 언어보다 상대적으로 더 잘 보았다고 할 수 있다. 그래프의 x축 위에 수학 성적은 평균으로부터 오른쪽으로 표준편차의 $\frac{5}{4}$배 떨어진 위치이고, 언어 성적은 평균으로부터 오른쪽으로 표준편차의 $\frac{4}{5}$배 떨어진 위치다.

일상에서 일어나는 일을 통계적 현상으로 관찰하기

물건을 살까 말까? 씨앗이 발아할까 안 할까? 예약한 손님이 올까 안 올까? 생활 속에서 미리 결과를 알고 싶은 일은 수도 없이 많다. 식당을 운영하는 주인은 예약한 손님이 오지 않으면 손해를 입는다. 예약제로 운영하는 식당에서 수용 가능한 인원만 예약하면 예약만 하고 나타나지 않는 이른바 노쇼(No Show) 손님으로 인한 손해가 발생한다.

식당 주인은 수용인원보다 살짝 많은 인원을 예약받아도 큰 문제가 발생하지 않는 것을 경험으로 알게 되었다. 주인은 예약하고 나타나지 않는 손님으로 인한 손해도 피하면서 수용인원보다 더 많은 예약 손님이 나타나는 문제도 피할 수 있는 적정 인원을 알 필요가 있다.

이항분포에서 이항은 두 개의 항을 의미한다. 어떤 사건이 일어나거나 일어나지 않는 단 두 가지 경우를 이항이라고 한다. "예약 손님이 나타난다"와 "나타나지 않는다."는 동시에 일어나지 않는다. 동시에 일어나지 않는 두 사건을 배반 사건이라고 한다. 꽃씨의 발아율에 관한 이항분포에서 이항은 "꽃씨가 발아한다."라는 것과 "발아하지 않는다."라는 두 개의 항이다. 예를 들어 꽃씨의 발아율이 70%라고 하면 이항은 씨앗이 발아하는 것과 발아하지 않는 것이다. 이때 이항분포는 씨앗 여러 개의 발아에 관한 분포이며 한 꽃씨가 다른 꽃씨의 발아에 영향을 주지 않는다. 이를 독립시행이라고 한다.

이항분포에서 사건이 일어날 확률을 p로 시행 횟수를 n으로 나타낸다. 확률변수 X가 이항분포 $B(n, p)$을 따를 때, n이 충분히 크면 X는 근사적으로 정규분포 $N(np, npq)$를 따른다. 여기서 $q=1-p$이다. 정규분포 $N(np, npq)$라는 것은 평균이 $m=np$이고 표준편차가 $\sigma=\sqrt{npq}$ 라는 의미이다.

참고1 이항분포 $B(n, p)$의 확률변수 X가 근사적으로 정규분포에 따른다는 이야기는 이항분포에서의 확률과 정규분포에서의 확률의 차이가 매우 적다는 의미로 이해할 수 있다.

참고2 n이 '충분히 크다.'라는 의미는 일반적으로 조건
$$np \geq 5, \ n(1-p) \geq 5$$
를 만족시키는 n값을 의미한다. 참고로 두 조건 $np \geq 5$, $n(1-p) \geq 5$를 만족하면 이항분포 $B(n, p)$의 확률변수 X가 근사적으로 정규분포에 따른다.

쉬운 이항분포 대신 정규분포를 이용하는 이유

Q: 씨앗을 파종하여 발아할 확률을 $\frac{5}{6}$라고 하자. 씨앗 180개를 파종하여 싹이 트지 않는 개수를 확률변수 X라 하자. 이 시행에서 발아되지 않는 씨앗의 수가 15 미만 나올 확률을 이항분포와 정규분포를 이용해 구하는 방법을 비교하고 간단한 방법을 말하라.

A: **방법 1** 씨앗이 발아하지 않을 확률은 $p=\frac{1}{6}$이다. 따라서 이항분포를 이용해 확률을 구하려면

$$P(X<15)=P(X=0)+P(X=1)+\cdots+P(X=14)$$
$$={}_{180}C_0\left(\frac{1}{6}\right)^0\left(\frac{5}{6}\right)^{180}+{}_{180}C_1\left(\frac{1}{6}\right)^1\left(\frac{5}{6}\right)^{179}$$
$$+\cdots+{}_{180}C_{14}\left(\frac{1}{6}\right)^{14}\left(\frac{5}{6}\right)^{166}$$

을 계산해야 한다.

방법 2 $n=180$이고 $p=\frac{1}{6}$이므로

$$np=180\frac{1}{6}=30\geq 5,\ n(1-p)=180\frac{5}{6}=150\geq 5$$

를 만족한다. 따라서 확률변수 X는 평균이 $np=180\frac{1}{6}=30$이고 표준편차가

$$\sqrt{np(1-p)}=\sqrt{180\frac{1}{6}\left(1-\frac{1}{6}\right)}=5$$

인 정규분포

$$N(np,\ np(1-p))=N(30,\ 5^2)$$

을 따른다.

$$P(X<15)=P(X<30-3\cdot5)$$
$$=P(X\leq30)-P(30-3\cdot5<X\leq30)$$
$$\fallingdotseq\frac{1}{2}-0.4987$$
$$=0.0013$$

이다.

이항분포에서 확률을 구할 때 평균이나 표준편차를 구할 필요는 없으나

$$_{180}C_0\left(\frac{1}{6}\right)^0\left(\frac{5}{6}\right)^{180}+_{180}C_1\left(\frac{1}{6}\right)^1\left(\frac{5}{6}\right)^{179}+\cdots+_{180}C_{14}\left(\frac{1}{6}\right)^{14}\left(\frac{5}{6}\right)^{166}$$

를 계산해야 하고, 이 계산은 매우 번거롭다. 반면에 정규분포를 이용할 때는 평균과 표준편차를 구해야 하나 이는 이항분포에서의 계산과 비교하면 상대적으로 매우 간단하다. 물론 정규분포표에서 구한 확률은 근삿값이다. 두 방법을 비교하면 정규분포가 훨씬 간단함을 알 수 있다.

농부가 고추 씨앗을 파종하려고 한다. 자신의 밭의 넓이를 고려할 때 28,800포기 고추를 키우려고 한다. 다음 예제를 보고 이 농부는 어떤 기대를 할 수 있는지 알아보자.

Q : 고추 씨앗 한 종자는 발아율이 95%라고 한다. 한 농부는 400개씩 고추씨가 들어 있는 씨앗 76봉을 구해 모두 파종했다고 한다. 이때 28,800개 이상 발아할 확률을 구해라.

A : 이 농부가 파종한 씨앗의 개수는 $400 \times 76 = 30{,}400$개다. 씨앗 하나를 파종할 때 발아할 확률은 95%이므로 씨앗이 발아한 개수를 X라 하면 X는 확률변수이고 이항분포
$$B(30400,\ 0.95)$$
를 따른다. 그런데
$np = 30400 \cdot 0.95 = 28880 \geq 5$,
$n(1-p) = 30400 \cdot 0.05 = 1520 \geq 5$
이므로 확률변수 X는 근사적으로 평균 np가 28,880이고 표준편차 $\sqrt{np(1-p)}$가 $\sqrt{30400 \cdot 0.95 \cdot 0.05} = 38$이다. 따라서 X는
$N(np,\ npq) = N(30400 \cdot 0.95,\ 30400 \cdot 0.95 \cdot 0.05)$
$$= N(28880,\ 38^2)$$
인 정규분포를 따른다. 따라서
$P(28800 \leq X) \approx P(28880 - 2.1 \cdot 38 \leq X)$
$\approx 0.5 + 0.4821$
$= 0.9821$
즉 약 98.21%이다.

통계적 추정

 알고자 하는 대상이 너무 많아서 일부만 선택하여 자료를 조사하는 경우가 있다. 예를 들어 한 교복업체에서 고등학교 교복 제작을 위해 고등학교 입학 예정인 학생의 신체검사가 필요하다. 대상이 너무 많아 일부만 검사한 결과를 토대로 교복 제작을 하려고 할 때 검사한 일부의 자료를 가지고 전체 자료를 어떻게 추정할까?

대통령 선거를 앞두고 '누가 대통령에 당선될까?'라는 물음은 국민적 관심사다. 유권자 전체를 대상으로 여론조사를 하기에는 대상이 너무 많아 시간과 비용이라는 현실적인 벽에 부딪힌다. 이 경우 유권자 중 약 1,000명을 무작위로 선택해 여론조사 결과를 발표한다. 결과를 얼마나 믿을 수 있을까? 이에 대한 단서가 여론조사 결과 발표와 함께 제시되는 표본오차와 신뢰수준이다. 표본오차와 신뢰수준의 의미를 고등학교에서 배운 내용과 연결해보자.

표본과 모집단의 관계를 알아보자.

한 교복업체의 조사에 따르면, 우리나라 고등학교 1학년 입학 예정인 여학생 수가 약 22만 명이었다. 이 업체에서 이들의 키의 평균을 조사하려고 한다. 비용과 시간 등의 이유로 1,600명의 표본을 임의 추출해 조사하기로 했다. 이렇게 조사해 얻은 키의 평균값은 전체 여학생 키의 평균과 일치할까? 아니면 얼마나 가깝다고 믿을 수 있을까?

이 사례에서 우리나라 고등학교 1학년 입학 예정인 전체 여학생을 모집단이라고 한다. 모집단인 우리나라 고등학교 1학년 입학 예정인 여학생의 키를 확률변수 X라고 하면, X의 평균, 분산, 표준편차를 차례로 모평균, 모분산, 모표준편차라고 한다.

이처럼 모집단에서 조사 대상의 특성을 나타내는 확률변수를 X라고 할 때, X의 평균, 분산, 표준편차를 기호로 각각 m, σ^2, σ로 나타낸다.

조사 대상인 1,600명 학생을 표본이라고 한다. 일반적으로 표본평균을 $\overline{X}$로 나타내고 $\overline{X}$의 분포에 대해 다음이 성립한다.

표본평균 $\overline{X}$의 분포

모평균이 m이고 모분산이 σ^2인 모집단에서 크기가 n인 표본을 복원추출할 때, 표본평균 $\overline{X}$의 분포는

1. 평균 $E(\overline{X})=m$, 분산 $V(\overline{X})=\dfrac{\sigma^2}{n}$, 표준편차 $\sigma(\overline{X})=\dfrac{\sigma}{\sqrt{n}}$ 이다.

    따라서 모집단의 확률변수 X의 분포가 정규분포

    $$N(m, \sigma^2)$$

    에 따를 때 표본평균 $\overline{X}$의 분포는 정규분포

    $$N\!\left(m, \dfrac{\sigma^2}{n}\right)$$

    를 따른다.

2. 모집단의 분포가 정규분포가 아니더라도 표본의 크기 n이 충분히 크면 표본평균 $\overline{X}$는 근사적으로 정규분포

    $$N\!\left(m, \dfrac{\sigma^2}{n}\right)$$

    를 따른다.

모집단의 분포와 표본의 분포 관계를 예를 들어 살펴보자.

> Q : 강원 농장에서 재배되는 감자의 무게가 평균 280 g, 표준편차 40 g인 정규분포를 따른다고 하자. 이 농장의 감자 중 100개를 임의로 추출해 평균 무게를 구했을 때 이 평균값이 272 이상 284 이하일 확률을 구하라.
>
> A : 이 농장의 감자 무게가 정규분포
>
> $$N(280, 40^2)$$
>
> 에 따르므로, 100개의 감자를 임의 추출한 평균은 정규분포
>
> $$N\left(m, \frac{\sigma^2}{n}\right) = N\left(280, \frac{40^2}{100}\right) = N(280, 4^2)$$
>
> 에 따른다. 따라서 구하고자 하는 확률은
>
> $$P(272 \leq \overline{X} \leq 284) = P(m - 2\sigma \leq X \leq m + \sigma)$$
> $$= 0.4772 + 0.3413$$
> $$= 0.8185$$
>
> 이다. 약 82%이다.

모평균의 추정

1,600명의 표본을 조사해 얻은 평균이 예를 들어 163 cm라고 하자. 이 경우 모평균(전체 여학생 키의 평균)은 163 cm에 가까운 값으로 추측할 수 있다. 여기서 두 사람의 주장을 생각해보자.

> 민정 : "1,600명의 평균이 163 cm이니까 전체 여학생 평균은 틀림없이 158 cm에서 168 cm 사이에 있어."
> 은영 : "1,600명의 평균과 전체 평균이 얼마나 차이 나겠어? 1,600명의 평균이 163 cm이니까 전체 여학생 평균은 162.5 cm에서 163.5 cm 사이에는 있겠지."

민정의 주장이 맞기는 하지만 전체 여학생 평균은 158 cm에서 168 cm 사이에 있다는 것은 표본조사를 하지 않았어도 추정할 수 있었다. 반대로 은영의 주장은 상당히 구체적이지만 틀릴 가능성도 있다.

모집단에서 임의 추출한 표본의 평균값을 이용해 모평균이 존재할 구간(범위)을 추측하는 것을 모평균의 추정이라고 한다. 모평균을 추정할 때 구간을 넓게 잡으면 모평균이 그 구간에 들어갈 확률이 높아지게 된다. 그러나 이 구간이 너무 길어지면 조사한 의미가 없다. 일반적으로 구간의 길이는 짧을수록 좋다. 추정할 때는 예를 들어

모평균이 162.5 cm에서 163.5 cm 사이에 있을 확률은 95%이다.
모평균이 162.75 cm에서 163.25 cm 사이에 있을 확률은 68%이다.
와 같이 이야기한다.

모집단에서 표본을 임의 추출해 표본평균을 구했을 때, 이 값이 모평균에 얼마나 가까운지 이론적으로 알아보자.

신뢰도와 신뢰구간

예를 들어 95% 믿을 수 있으려면 어떻게 이야기해야 하나?

모평균이 m이고 모표준편차가 σ인 모집단에서 크기가 n 표본을 임의 추출할 때 n이 충분히 크면 표본평균 $\overline{X}$는 근사적으로 정규분포

$$N\left(m, \frac{\sigma^2}{n}\right)$$

에 따른다. 이 정규분포는 평균이 m이고 표준편차가 $\frac{\sigma}{\sqrt{n}}$이다. 정규분포의 확률

$$P\left(\overline{X} - 1.96\frac{\sigma}{\sqrt{n}} \leq m \leq \overline{X} + 1.96\frac{\sigma}{\sqrt{n}}\right) = 0.95$$

로 주어진다. 이 식의 의미는 모평균 m값이 $\overline{X} - 1.96\frac{\sigma}{\sqrt{n}}$와 $\overline{X} + 1.96\frac{\sigma}{\sqrt{n}}$ 사이에 존재할 확률이 0.95, 즉 95%라는 것이다.

이때 구간

$$\left[\overline{X} - 1.96\frac{\sigma}{\sqrt{n}}, \overline{X} + 1.96\frac{\sigma}{\sqrt{n}}\right]$$

을 신뢰도 95%인 신뢰구간이라고 한다.

신뢰도 99%인 신뢰구간은

$$\left[\overline{X} - 2.58\frac{\sigma}{\sqrt{n}}, \overline{X} + 2.58\frac{\sigma}{\sqrt{n}}\right]$$

이다.

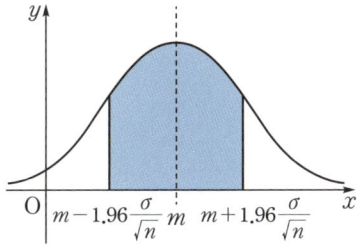

예를 살펴보고 신뢰도와 신뢰구간의 이야기를 이어가자.

> Q : 한 교복회사에서 고등학교 3학년 남학생의 키의 평균을 알아보기 위해 400명을 임의로 추출해 조사했더니 평균값 173.6 cm를 얻었다. 모집단의 키는 모표준편차가 5.6 cm인 정규분포를 따른다고 할 때 모평균 m의 값을 95%의 신뢰도로 추정해라.
>
> A : $n=400$, $\overline{X}=173.6$ cm, $\sigma=5.6$ cm이므로 신뢰도 95%인 모평균 m의 신뢰구간은
>
> $$\overline{X}-1.96\frac{\sigma}{\sqrt{n}} \leq m \leq \overline{X}+1.96\frac{\sigma}{\sqrt{n}}$$에서
>
> $$173.6-1.96\frac{5.6}{\sqrt{400}} \leq m \leq 173.6+1.96\frac{5.6}{\sqrt{400}}$$
>
> $$173.0512 \leq m \leq 174.1488$$
>
> 이다. 즉 모평균 m이 $173.0512 \leq m \leq 174.1488$일 확률이 95%이다.

모평균을 추정할 때 신뢰도는 높을수록, 신뢰구간의 길이는 짧을수록 좋다. 표본의 크기가 n으로 일정하게 고정돼 있을 때, 신뢰도를 높이기 위해서는 신뢰구간의 길이를 길게 잡아야 한다. 역으로 신뢰구간의 길이를 짧게 하면 신뢰도가 떨어진다. 신뢰도를 고정하고 신뢰구간의 길이를 짧게 하려면 표본의 크기 n을 크게 해야 한다.

신뢰구간을 구하는 현실적 어려움

신뢰도와 신뢰구간을 구하는 데 현실적 어려움이 있다. 모집단 전체의 자료조사를 하지 않았으므로 모집단의 평균뿐만 아니라 모집단의 표준편차인 σ의 값 역시 알 수 없다. 표준편차의 정의에 의하면

σ의 값은 평균을 알아야 구할 수 있다. 이러한 문제의 해결 방법은 잘 알려져 있다. 표본의 크기 n이 충분히 클 때 표본의 표준편차는 모표준편차에 거의 같아진다는 사실이다. 그러므로 표본의 크기를 충분히 크게 하여 표본의 표준편차를 모표준편차로 사용해도 신뢰구간은 별 차이가 없음이 알려져 있다. 예를 하나 더 살펴보자.

Q : 한 음료 회사에서 생산하는 음료수의 900병을 임의 추출해 A성분의 함유량을 조사했더니 평균이 40.1 mg, 표준편차가 1.2 mg인 정규분포를 얻었다. 이 회사의 음료수 1병에 담긴 A성분의 평균 함유량을 신뢰도 99%로 추정하라.

A : 임의 추출한 표본의 A성분 함유량이 정규분포를 이룬다. 따라서 이 표본을 포함하는 모집단 역시 정규분포를 이룬다고 할 수 있다. 표본의 크기가 900으로 충분히 크므로 모집단의 표준편차를 1.2 mg라고 하면 신뢰도 99%인 신뢰구간은

$$\left[\overline{X}-2.58\frac{\sigma}{\sqrt{n}},\ \overline{X}+2.58\frac{\sigma}{\sqrt{n}}\right]$$

에서 모평균 m이라 하면

$$40.1-2.58\frac{1.2}{\sqrt{900}} \leq m \leq 40.1+2.58\frac{1.2}{\sqrt{900}}$$

즉

$$40.1-2.58\frac{1.2}{\sqrt{900}} \leq m \leq 40.1-2.58\frac{1.2}{\sqrt{900}}$$

$$39.9968 \leq m \leq 40.1132$$

을 만족한다. 그러므로 신뢰도 99%의 신뢰구간은

[39.9968, 40.1132]

이다.

항공사 예매표 매수 정하기

항공사는 비행기표를 예매 형식으로 판매한다. 그런데 표를 예매만 하고 탑승하지 않는 승객이 적지 않다. 이로 인해 비행기 좌석 수만큼만 표를 판매하면 항공사에서는 미탑승 승객으로 인한 손해가 발생한다. 항공사에서 좌석 수보다 많은 표를 판매해 이 문제를 해결하고 있는데, 이를 over booking이라고 한다. over booking을 한 경우에도 문제가 발생할 수 있다. 표를 좌석 수보다 많이 판매했는데 예매한 승객 중 탑승하고자 나타난 승객이 좌석 수보다 많은 경우이다.

우리나라에서는 이 경우 항공사가 승객에게 손해배상을 할 책임이 있다. 따라서 항공사에서는 빈자리도 생기지 않고, 탑승객 수가 좌석 수를 초과하지도 않도록 적절한 수의 예매표를 판매해야 항공사의 이익을 극대화할 수 있다. 예매표 판매 매수 문제를 해결하는데 정규분포가 이용된다. 예를 들어보자.

Q : 한 국제선 항공기의 좌석 수가 360이라고 하자. 예매표 몇 장을 판매해야 하나? 예매한 승객의 탑승률은 95%라고 한다. 항공사에서는 문제가 발생할 확률을 0.5% 이하로 즉 200번에 한 번꼴로 문제가 발생하는 걸 감수하기로 하고 판매할 표의 수를 정하기로 했다.

A : 승객이 탑승할 확률이 95%이므로 사건이 일어날 확률이 95%이고 일어나지 않을 확률이 5%이다. 즉 사건이 일어날 확률 $p=0.95$이고, 일어나지 않을 확률은 $1-p=0.05$이다. 좌석 수가 360이므로 시행 횟수는 $n=360$이다. 따라서 확률분포는 이항분포 $B(360, 0.95)$이다. 확률변수 X가 이항분포 $B(n, p)$을 따를

때, n이 충분히 크면 X는 근사적으로 정규분포 $N(np, npq)$에 따른다. 그런데

$$np = 360 \cdot 0.95 = 342 \geq 5$$
$$n(1-p) = 360 \cdot 0.05 = 18 \geq 5$$

이므로 큰 수의 법칙에 따라 이항분포 곡선은 정규분포 $N(342, 17.1)$에 매우 가깝다. 항공사에서는 몇 장의 표를 판매해야 할까? 항공사에서는 문제가 발생할 확률을 0.5% 이하로 판매할 표의 장수를 정하기로 했다.

신뢰도 99%인 신뢰구간은

$$\left[\overline{X} - 2.58 \frac{\sigma}{\sqrt{n}}, \overline{X} + 2.58 \frac{\sigma}{\sqrt{n}} \right]$$

이므로

$$P(0 \leq X \leq m + 2.58\sigma) \approx 0.995$$

이다. 여기서 $\overline{X} = m = 342$, $\sigma = 17.1$이고

$$m + 2.58\sigma = 342 + 2.58 \cdot 17.1$$
$$= 386.118$$

이다. 따라서 360명 정원인 항공기의 표를 386장 판매할 때 0.5% 즉 200번에 한 번꼴로 탑승객이 360명보다 더 많은 경우가 발생한다고 예상할 수 있다.

여론조사 결과가 왜 틀릴까?

대통령 선거나 국회의원 선거를 앞두고 연일 여론조사 결과가 쏟아진다. 선거 결과를 미리 알고 싶은 열망은 투표가 끝나고 단 몇 시간 후의 개표 결과를 기다리지 못하고 출구조사까지 이어진다. 개표 결과

가 발표되면 여론조사 때 시종 우세하던 후보가 당선되지 못하는 경우가 종종 발생한다.

여론조사는 전체를 대상으로 하지 않고 표본을 조사하기 때문에 정확성에 한계가 있다. 여론조사 결과가 선거 결과와 왜 다른지 여론조사 발표 때 함께 발표하는 신뢰도와 표본오차를 중심으로 알아보자.

여론조사 결과 유력 대통령 후보의 지지율이 43%로 나왔다. 신뢰도는 95%이고 표본오차는 ±2.8라고 한다. 이 경우 이 후보가 대통령 선거에서 얻을 지지율은 43−2.8=40.2와 43+2.8=45.8 사이일 확률이 95%라는 뜻이다. 따라서 여론조사 결과 지지율이 43%라고 하지만 신뢰도와 표본오차를 고려하면 '지지율이 40.2%와 45.8% 사이일 확률이 95%다.'라고 이해하는 것이 맞다. 게다가 95%이니 신뢰구간 밖의 지지율이 나올 확률도 5%인 셈이다. 투표 결과 후보자가 신뢰구간 밖의 지지율인 46%의 득표를 얻었다고 한들 여론조사가 틀렸다고 이야기할 수는 없다.

표본오차 구하기

위의 예에서 확률이 95%라고 했기 때문에, 표본의 크기가 n이고 모표준편차가 σ일 때 표본오차는 $2.8 = 1.96 \dfrac{\sigma}{\sqrt{n}}$이다. 문제는 여론조사를 할 때 모표준편차 값을 알 수 없다는 것이다. 이 경우 모표준편차 σ를 $\sqrt{p(1-p)}$ 값으로 대체하는 데 여기서 p값은 응답률이다.

여론조사에서 표본의 크기는 대개 1,000 정도이다. 유무선 전화를 이용해 자동 응답 방식과 사람이 직접 전화를 거는 방식을 주로 사용되는데 어떤 경우든 응답률은 10%를 넘기지 못한다고 한다.

예를 들어 한 후보자의 여론조사 결과 지지율이 47.3%라고 한다. 표본의 크기를 1,000, 응답률을 10%라고 하고 신뢰도 95%의 신뢰구간을 구하여보자.

이 경우 모표준편차를 모르므로 응답률 $p=0.1$를 이용한다. 먼저 표본오차는

$$1.96\frac{\sqrt{0.1(1-0.1)}}{\sqrt{1000}}=1.96\frac{3}{100\sqrt{10}}$$

이고 이를 퍼센트로 나타내기 위하여 100을 곱하면 표본오차는

$$1.96\frac{3}{\sqrt{10}}=1.859419\fallingdotseq 1.86$$

이다. 이 여론조사에서 신뢰도 95%의 신뢰구간은

$$[47.3-1.86,\ 47.3+1.86]=[45.44,\ 49.16]$$

이다. 이 후보자가 실제 투표에서 득표율이 45.44% 이상 49.16% 이하일 확률이 95%이다.

여론조사에서 가장 흔하게 쓰는 신뢰도는 95%이다. 만일 신뢰도를 높여 99%로 한다면 위의 계산식에서 1.96 대신 2.58을 사용하면 된다. 99%의 신뢰구간은

$$\left[47.3-2.58\sqrt{\frac{0.1(1-0.1)}{1000}},\ 47.3+2.58\sqrt{\frac{0.1(1-0.1)}{1000}}\right]$$
$$=[44.85,\ 49.75]$$

이다. 신뢰도 95%의 신뢰구간 [45.44, 49.16]보다 99%의 신뢰구간 [44.85, 49.75]이 더 넓은 것을 확인할 수 있다.

추천의 글

이우영 (서울대학교 수리과학부 명예교수)

　기원전 6세기 인류 지성사의 서막을 알린 한 단어가 무엇일까요? 그것은 바로 '왜'라는 단어입니다. '어떻게'뿐 만 아니라 왜를 묻기 시작하면서 인류는 비로서 "우리는 누구인가?"와 같은 근원적인 물음에 도달하였고 마침내 미명에서 깨어난 것입니다. 이런 일이 일어난 곳이 바로 고대 그리스였고 그 후 반복적인 정복과 전쟁으로 얼룩진 역사 속에서도 그들의 사변적 문명은 천 년을 지속하며 인류 지성을 잠들지 않게 하였습니다. 그러므로 왜냐고 묻는 것은 지성의 근원일 뿐만 아니라 문명의 샘인 것입니다.

　흔히 수학은 너무 어렵다고 합니다. 그러나 수학이 어렵다기보다는 재미없다는 것이 솔직한 고백일 것입니다. 이를테면 누구에게는 온라인게임이 복잡한 규칙 때문에 너무 어려울 수 있지만, 누구에게는 너무 재미있는 놀이입니다. 어려워도 알고 보면 재미있다는 것인데 수학도 마찬가지입니다. 수학이 어떻게 재미있을 수 있단 말인가? 이런 한탄이 나올 수 있습니다. 이 책의 저자는 오랫동안 수학계에 몸담으면서 학생들의 수학에 대한 고충을 직접 접하고 "우리는 무엇을 알 수 있는가?"와 같은 질문을 매우 심각하게 고찰한 것처럼 보입니다. 그리고 이 책은 인류 지성사의 출발처럼 수학에서도 근본적으로 끊임없이 '왜'를 물어야 한다고 암암리에 주장하고 있습니다.

 책이 말하고자 하는 담론은 이처럼 무겁고 진지하지만, 책이 선택한 소재와 줄거리는 몹시 흥미롭고 재미있어서 하룻밤이면 읽을 수 있을 만한 책입니다. 오랜만에 수학책을 소설책처럼 읽고 나면 우선 마음이 후련해집니다. 어쩌면 수학책을 처음부터 끝까지 읽은 소중한 첫 경험을 할 수도 있을 것입니다. 이 책을 읽는 동안 독서라기보다는 가벼운 테마 여행을 한 느낌을 받을 수 있습니다. 그리고 그 여행의 감상을 곱씹으면 마침내 작은 깨우침이 밀려올 것입니다. 우리도 이제 끊임없이 왜를 물으면서 그 흥미로운 사유의 세계에 빠져보자, 수학이여!

강지향 (역사 교사)

 수를 처음 접하는 아이부터 수학에 관심 있는 사람까지 한 번쯤 궁금했을, 하지만 평소에는 그냥 지나쳤던 질문에 대한 답이 이 책에 들어 있습니다. 수학을 좋아하는 사람에게도, 수학을 알아가는 사람에게도 수학 지식을 풍요롭게 넓혀주리라 생각합니다. 수학 문제 푸는 것에만 익숙한 학생들

추천의 글

에게, "그래서 수학 문제를 왜 풀어야 하는데!"라는 회의가 드는 학생들에게 이 책을 읽어보길 권하고 싶습니다. 수학이 왜 그리고 얼마나 우리 생활에 필요한 지 그 해답이 조금은 되지 않을까 싶습니다.

한희주 (수학 교사)

오늘날 수학을 잘하는 기준은, 누가 더 빠르고 정확하게 문제를 풀 수 있는가에 있습니다. 수학에서 높은 점수를 받기 위해서는, 왜 0으로 숫자를 나눌 수 없는지, 왜 역원이 필요한지, 왜 최솟값이 존재하지 않는지는 중요하지 않습니다. 그저 높은 점수를 받기 위해 수많은 수학 문제들을 풀이하고 공부할 뿐입니다.

이 책은 머리보다는 손으로 푸는 수학교육에 대해 일침을 날리고 있습니다. 진정 수에 대한 학문이 무엇인지, 그리고 왜 수학적 개념을 배워야 하는지를 알려주고 있기 때문입니다. 우리가 배우는 이 개념이 일상생활에서 어떻게 쓰이고 있는지, 얼마나 유용한 학문인지 이 책을 통해 얻어갈 수 있습니다.

최석현 (카이스트 수리과학부 학생)

   수학을 배우는 학생이라면 대부분 이런 고민을 해보았을 것입니다. '이 개념은 왜 배우지?', '이 개념은 왜 등장할까?' 그러나 대부분의 교육과정에서는 이런 의문스러운 부분들에 대해 명확한 설명 없이 서술하거나 자세한 부분은 대학 가서 배우라면서 최소한의 직관조차 주지 않는 경우가 허다합니다. 이 책에서는 학생들이 의문을 품었던 부분에 대해 엄밀한 대학 수학을 사용하면서도 학생들이 쉽게 이해하게끔 잘 서술해 줍니다. 더 나아가서 그러한 부분들이 어떻게 대학 수학과 연관되는지 대학 수학에 대한 간단한 개론도 서술해 줍니다. 마지막 장에서 등장하는 수학의 추상성은 이 책이 말하고자 하는 '수학'이라는 것에 대해 훌륭하게 잘 설명해 줍니다.

**호기심으로 질문하고
재미있게 답한 수학 이야기**

초판 1쇄 인쇄 2022년 9월 30일
초판 1쇄 발행 2022년 10월 7일

지은이 정의채

디자인 허해란 · 김영도

펴낸곳 도서출판 솔언덕
출판등록 2009년 10월 30일
주소 인천시 강화군 강화읍 강화대로 392-6 2층
전화 010 3212 8684
E-mail jeongeuichai@hanmail.net

ⓒ정의채, 2022

ISBN 979-11-980156-0-0 (03410)

이 책은 저작권법에 따라 보호받는 저작물이므로 무단전재와 무단복제를 금지하며, 이 책의 전부 또는 일부 내용을 이용하려면 반드시 사전에 저작권자와 도서출판 솔언덕의 동의를 받아야 합니다.

잘못된 책은 구입하신 서점에서 바꿔드립니다.
책값은 뒤표지에 있습니다.